电工电子基础

DIANGONG DIANZI JICHU

主　编◎杨清德　包丽雅

副主编◎彭贞蓉　牟能发　罗秀美　胡　萍

编　者◎昴红缨　兰远见　赵　曜　张正健

　　　　周诗明　钮长兴　王　谊

重庆大学出版社

内容提要

本书依据教育部颁布的职业院校《电工电子技术与技能教学大纲》的要求编写，主要包括直流电路及其应用、电容器和电感器及其应用、交流电路及其应用、半导体元器件及其应用、集成运算放大器及其应用、数字电路入门、逻辑电路及其应用等内容。本书有配套的教材《电工电子技能实训》，并有配套的习题库《电工电子技术基础题库》，以加强对学生职业能力的培养。

本书可作为中等职业学校工科非电类专业的电工电子技术课程的通用教材，也可作为电类从业人员短期培训的教材。

图书在版编目(CIP)数据

电工电子基础/杨清德,包丽雅主编.—重庆:
重庆大学出版社,2020.9
ISBN 978-7-5689-2318-7

Ⅰ.①电… Ⅱ.①杨…②包… Ⅲ.①电工技术—中
等专业学校—教材②电子技术—中等专业学校—教材
Ⅳ.①TM②TN

中国版本图书馆 CIP 数据核字(2020)第 173424 号

电工电子基础

主　编　杨清德　包丽雅
副主编　彭贞蓉　牟能发
　　　　罗秀美　胡　萍
策划编辑:陈一柳

责任编辑:张红梅　　版式设计:陈一柳
责任校对:谢　芳　　责任印制:赵　晟

*

重庆大学出版社出版发行
出版人:饶帮华
社址:重庆市沙坪坝区大学城西路21号
邮编:401331
电话:(023) 88617190　88617185(中小学)
传真:(023) 88617186　88617166
网址:http://www.cqup.com.cn
邮箱:fxk@ cqup.com.cn(营销中心)
全国新华书店经销
重庆巍承印务有限公司印刷

*

开本:787×1092　1/16　印张:12.5　字数:283 千
2020 年 11 月第 1 版　　2020 年 11 月第 1 次印刷
ISBN 978-7-5689-2318-7　定价:33.00 元

前　言

近年来,中职工科非电类专业毕业生的就业岗位正在逐步拓展,各校对专业(方向)设置进行了一些调整,如物联网、机器人、LED 照明、智能家居、新能源汽车、医疗设备维修、物业管理、家政服务、农机服务、中央空调安装等新兴非电类专业(技能)方向。"电工电子基础""电工电子技能实训"是中职工科非电类专业的技术基础课程,是保证人才培养"适销对路"必须开设的课程,以便为非电类专业学生学习后续专业课程打基础,为他们将来学习电的知识及技能打基础,也为他们自学、深造和创新打基础。

编者遵循国家有关中等职业教育教学改革的指导思想,立足中等职业教育改革发展和办学基础实际,以打造多样化的选择性课程体系为切入点,深入探索建设"模块化课程"的选择机制、"工学交替"的教学机制和"做中学"的学习机制,编写了本书。

本书理论联系实际,注重实践性教学环节,突出知识的应用,选材合理,深浅适度,以便根据不同的专业、不同的需要增删教学内容,因而适用面广。全书共 7 章,主要包括直流电路及其应用、电容器和电感器及其应用、交流电路及其应用、半导体元器件及其应用、集成运算放大器及其应用、数字电路入门、逻辑电路及其应用等内容,涵盖了教育部颁发的职业院校《电工电子技术与技能教学大纲》要求的基础模块。

本书由重庆市垫江县第一职业中学校杨清德、中国空空导弹研究院技工学校包丽雅担任主编,由重庆市九龙坡区职业教育中心彭贞蓉、重庆市梁平区职业教育中心牟能发和重庆市开州区职业教育中心罗秀美、重庆市渝北职业教育中心胡萍担任副主编。其中,第1 章由杨清德编写,第 2 章由彭贞蓉编写,第 3 章由牟能发和重庆市开州区职业教育中心吕红缨编写,第 4 章由重庆市城口县职业教育中心兰远见编写,第 5 章由罗秀美、胡萍编写,第 6 章和第 7 章由包丽雅编写。参与本书编写工作的还有重庆市商务学校赵曜,重庆市黔江区职业教育中心张正健、周诗明,重庆市九龙坡区职业教育中心钮长兴、王谊等。全书由重庆市教学专家、特级教师、研究员杨清德统稿。

本书内容建议教学总学时为 67~85 学时,各学校可根据教学实际灵活安排。为方便教学,本书配有 PPT,教师可登录重庆大学出版社网站下载。本课程有配套习题库——《电工电子技术基础题库》(试题量为 2 000 题,含习题答案、试题解析),各校可在电子工业出版社网上书店购买。

　　由于编者水平有限,书中难免有错漏及不当之处,敬请广大读者批评指正,以便及时修正。

编　者

2020 年 3 月

Contents 目录

第 1 部分　直流交流电路基础

第1章 直流电路及其应用

直流电又称恒流电,其大小(电压高低)和方向(正负极)都不随时间(相对范围内)变化。直流电通过的电路称为直流电路,直流电路是由直流电源和电阻构成的闭合导电回路。

目前,直流电的应用十分广泛,越来越多的电子产品依靠直流电运行,如计算机、手机以及 LED 灯等。这些电子产品和电器均自带整流器,能将交流电转换为直流电。

【学习目标】

- 了解电路的基本组成、类型及作用;
- 理解电路中常用物理量的含义,掌握常用物理量的计算公式;
- 掌握电阻串联、并联电路的特点,能运用分压、分流关系解决电阻电路的实际问题;
- 掌握比较简单的电阻混联电路的计算;
- 理解欧姆定律,记住欧姆定律的公式,并能利用欧姆定律进行简单的计算;
- 能正确识别电阻器;
- 学会用万用表测量常用电阻的基本方法。

1.1 认识电路

1.1.1 电路简介

1)电路的组成

电路就是电流通过的路径,是人们将电子元件或电工设备按一定规则或要求连接起来构成的一个整体。在技术上,电路通常由电源、负载、控制与保护装置、连接导线 4 个部分组成,如图 1.1 所示。

电路各组成部分的作用如表 1.1 所示。

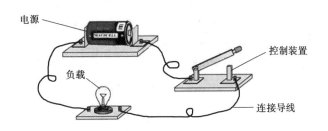

图 1.1 最简单电路的组成

表 1.1 电路各组成部分的作用

组成部分	作用	举例
电源	它是供应电能的设备,属于供能元件,其作用是为电路中的负载提供电能	干电池、蓄电池、发电机等
负载	各种用电设备(即用电器)统称为负载,属于耗能元件,其作用是将电能转换成其他所需形式的能量	灯泡、电动机、电炉等
控制和保护装置	根据需要,控制电路的工作状态(如通、断),保护电路的安全	开关、熔断器等
连接导线	它是电源与负载形成通路的中间环节,其作用是输送和分配电能	各种连接电线

记忆口诀

电流路径叫电路,四个部分来组成。

电源设备和负载,还有开关和连线。

电路故障怕短路,断路漏电要维修。

开关一合电路通,用电设备就做功。

2)电路的类型

电路按照传输电压、电流的频率不同可以分为直流电路和交流电路,按照作用不同又可分为两大类:一是电力电路;二是电子电路。电路的分类如图 1.2 所示。

3)电路的作用

电路的作用主要有两个:一是进行电能的传输和转换,如电力电路;二是对各种输入、输出信号进行加工和处理,如电视机的电路。

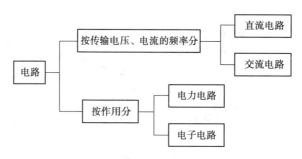

图 1.2 电路的分类

1.1.2 电路的描述

1)元器件模型与电路图

由于组成实际电路的器材、元器件种类繁多,要绘制出这些实际电路图并清楚地用文字表示出来,几乎是不可能的。因此,人们通过简洁的文字、符号、图形,对实际电路和电路中的器材、元器件进行表述。

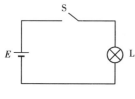

图 1.3 电路图

我们把实际电路中的电源、负载、控制与保护装置(开关)等元器件的图形符号称为元器件模型符号;将实际电路用元器件模型符号绘制出来的图称为电路图。

电路图必须按照国家统一的规范绘制,采用标准的电气图形符号和文字符号。图 1.1 所示电路可用元器件模型符号绘制为如图 1.3 所示的电路图。

*2)电路的状态

电路有通路、断路(开路)、短路 3 种工作状态。

电路短路时,电流很大,对电源来说属于严重过载,可能会导致电源或其他设备烧坏。

【思考与练习】

一、填空题

1.在实际使用中,一个完整电路通常由电源、_____、_____和连接导线 4 个部分组成。

2.我们把将实际电路用_____符号绘制出来的图称为电路图。

3.电路有通路、_____、短路 3 种工作状态。

二、问答题

1.电路中,为什么要有控制和保护装置? 如果控制和保护装置损坏了,会出现什么情况?

2.请上网查阅,写出至少10种元器件的模型符号。

1.2　电路的基本物理量

电路的基本物理量包括电流I、电压U、电位V、电动势E、电功率P和电能W等。

1.2.1　电流

1)什么是电流

水管中的水沿着一个方向流动,我们就说水管中有水流。同样,电路中的电荷沿着一个方向定向运动,就形成了电流。在图1.1所示的电路中,当装入新电池时,灯泡能正常发光,说明电路中有电流通过;当换上电能已耗尽的无电电池时,灯泡不能发光,说明电路中没有电流通过。

如图1.4所示,当有电电池接入电路时,自由电子向电池正极(+)移动,电池的负极(−)供给电子,这样就产生了连续的电子流。我们就把电荷的定向有规则移动称为电流。

在导体中,电流是由各种不同的带电粒子在电场作用下作有规则的运动形成的。电流这个名词不仅表示一种物理现象,也代表一个物理量。

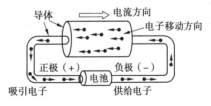

图1.4　导体内的电子移动方向及电流方向

2)电流的大小

电流的大小取决于在一定时间内通过导体横截面的电荷量,一般用如下公式进行计算:

$$I = \frac{q}{t}$$

式中　q——电荷量,单位为库[仑](C);

t——时间,单位为秒(s);

I——电流,单位为安[培](A)。

电流的常用单位还有千安(kA)、毫安(mA)、微安(μA),其换算关系为

$$1 A = 10^3 mA = 10^6 \mu A$$

在实际运用时,电流的大小可以用电流表测量。注意测量前要选择好电流表的量程。

3)电流的方向

正电荷定向移动的方向为电流的方向。在金属导体中,电流的方向与自由电子定向移动的方向相反。

(a)参考方向与实际方向一致(计算结果为正)　(b)参考方向与实际方向相反(计算结果为负)

图 1.5　电流的参考方向与实际方向

在分析电路时,常常要分析电流的方向,但有时对某段电路中电流的方向往往难以判断,此时可先假设一个电流方向,称为参考方向(也称为正方向)。如果计算结果为正值($I>0$),说明电流实际方向与参考方向一致;如果计算结果为负值($I<0$),说明电流的实际方向与参考方向相反。也就是说,在分析电路时,电流的参考方向可以任意假定,最后由计算结果确定,如图 1.5 所示。

> **记忆口诀**
>
> 电流神速来传输,好似钢管进钢珠,
> 电子移动负向正,电流规定正向负。
> 正电移动的方向,定为电流的方向。
> 参考方向可假定,数值为负表相反。
> 钻研电工有兴趣,多思多想道理出。
> 博采电学智慧树,有了知识穷变富。

4)形成电流的条件

形成电流必须具备两个条件。

①要有能够自由移动的电荷——自由电荷;

②导体两端必须保持一定的电位差(即电压)。

电路中有电流通过,常常表现出 3 种效应,即热效应、磁效应和化学效应,如灯泡发光、电饭煲发热、扬声器发声等。

【阅读窗】

安全电流

(1)负载的安全电流

为了保证电气线路的安全运行,所有线路的导线和电缆的截面都必须满足发热条件,

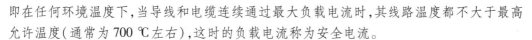

即在任何环境温度下,当导线和电缆连续通过最大负载电流时,其线路温度都不大于最高允许温度(通常为 700 ℃ 左右),这时的负载电流称为安全电流。

(2)人体安全电流

在特定时间内通过人体并对人体不造成生命危险的电流值称为人体安全电流。

电流越大,危险越大;持续时间越长,死亡的可能性越大。能引起人感觉到的最小电流称为感知电流,交流为 1 mA,直流为 5 mA;人触电后能自己摆脱的最大电流称为摆脱电流,交流为 10 mA,直流为 50 mA;在较短的时间内危及生命的电流称为致命电流,如 50 mA 的电流通过人体 1 s,就足以使人致命,因此致命电流为 50 mA。

1.2.2 电位和电压

1)电位

电的情况与水相同,水有水位,电也有电位。那么,什么是电位呢?电位是指电路中某一点与参考点(基准点)之间的电压。

这里的参考点或基准点一般为大地、电器的金属外壳或电源的负极,通常称为接地。为了分析与计算方便,一般规定参考点或基准点的电位为零,因此又称为零电位。

电位的符号用带下标的字母 V 表示,如 V_A、V_B。电位的单位为伏[特](V)。

2)电压

(1)电压的大小

在电路中,任意两点之间的电位差称为该两点间的电压。电压用符号 U 表示,单位为伏[特](V),用电位差表示电压即为

$$U = V_A - V_B$$

其大小也等于电场力将正电荷由一点移动到另一点所做的功与被移动电荷电量的比值,即

$$U = \frac{W}{q}$$

式中　W——电荷移动所做的功,单位为焦[耳](J);

　　　　q——电荷,单位为库[仑](C);

　　　　U——电压,单位为伏[特](V)。

电压的国际单位为伏[特](V),常用的单位还有毫伏(mV)、微伏(μV)、千伏(kV)等,它们之间的换算关系为

$$1 \text{ mV} = 10^{-3} \text{ V}; 1 \text{ μV} = 10^{-6} \text{ V}; 1 \text{ kV} = 10^{3} \text{ V}$$

电压的大小可以用电压表测量。

(2)电压的方向

对于负载来说,规定电流流入端为电压的正端,电流流出端为电压的负端,电压的方向由正端指向负端。

对于电阻负载来说,没有电流就没有电压;有电流就一定有电压。电阻器两端的电压

通常称为电压降。

电压的方向在电路图中有 3 种表示方法,如图 1.6 所示。这 3 种表示方法的意义相同。

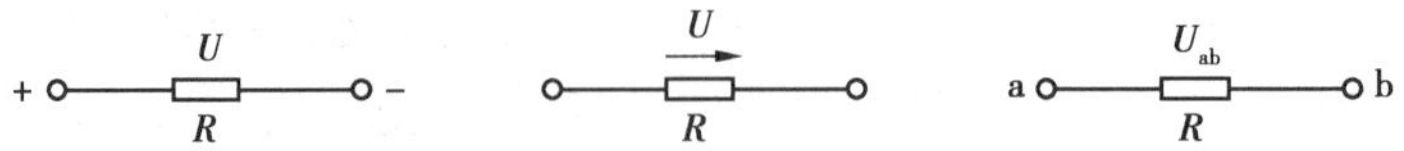

（a）正负极表示法　　　（b）箭头表示法　　　（c）双字母下标表示法

图 1.6　电压方向的表示方法

在分析电路时,往往难以确定电压的实际方向,此时可先任意假设电压的参考方向,再根据计算结果的正负来确定电压的实际方向。

（3）电压的种类

电压可分为直流电压和交流电压。电池的电压为直流电压,直流电压用大写字母 U 表示,它通过化学反应维持电能量。交流电压是随时间周期变化的电压,用小写字母 u 表示,发电厂的电压一般为交流电压。

在实际应用中提到的电压一般是指两点之间的电位差,通常会指定电路中某一点为参考点。在电力工程中,规定以大地为参考点,认为大地的电位等于零。如果没有特别说明,所谓某点的电压就是指该点与大地之间的电位差。

记忆口诀

电位之差是电压,电压永远是正值。

电压方向高向低,国际单位为伏特。

电压等级有多种,额定电压最安全。

【阅读窗】

电压等级

我国规定标准电压有许多等级,例如:安全电压有 42 V、36 V、24 V、12 V、6 V;照明灯用的单相电压为 220 V;三相电动机用的三相电压为 380 V;城乡高压配电电压为 10 kV 和 35 kV;输电电压为 110 kV 和 220 kV;超高压远距离输电电压为 330 kV 和 500 kV 等。

1.2.3　电功率

1)什么是电功率

电功率是衡量电能转化为其他形式能量快慢的物理量。平常说这个灯泡 40 W,那个灯泡 60 W,电饭煲 750 W,指的就是电功率。一般情况下,电功率简称为功率。

2)电功率的大小

电路元件或设备在单位时间内所做的功称为电功率,用符号 P 表示。计算电功率的

公式为

$$P = \frac{W}{t}$$

式中　P——电功率,单位为瓦[特](W);

　　　W——电流所做的功,单位为焦[耳](J);

　　　t——时间,单位为秒(s)。

由于用电器的电功率与其电阻有关,所以电功率的公式还可以写成

$$P = UI = \frac{U^2}{R} = I^2 R$$

如图 1.7 所示,在相同电压下,并联接入同一电路中的 25 W 和 100 W 灯泡的发光亮度明显不同,这是因为 100 W 灯泡的功率大,25 W 灯泡的功率小。

我们在日常生活中还有这样的体验,同一盏灯,在不同电压下发光强度不一样,如图 1.8 所示,这说明电功率与电压有关。

图 1.7　相同电压下,功率不同的
　　　　灯泡亮度不同

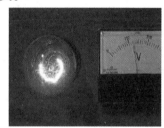

（a）180 V时的亮度　　　　　　（b）220 V时的亮度

图 1.8　同一盏灯在不同电压下亮度不同

记忆口诀

电灯电器有标志,额定电压额功率。

消耗电能的快慢,功率为 P 单位瓦,

常用代号达不溜,大的单位为千瓦。

功率计算有多法,阻性负载压乘流。

电流平方乘电阻,也可算出电功率。

---

3)电功率的单位

电功率的国际单位为瓦[特](W),常用的单位还有毫瓦(mW)、千瓦(kW),它们之间的换算关系是

$$1\ \text{mW} = 10^{-3}\ \text{W}$$
$$1\ \text{kW} = 10^{3}\ \text{W}$$

1.2.4 电能

1) 电能及应用

电能是自然界的一种能量形式。各种用电器必须借助电能才能正常工作,用电器工作的过程就是电能转化成其他形式的能的过程。

日常生活中使用的电能主要来自其他形式的能,包括水能(水力发电)、风能(风力发电)、原子能(原子能发电)、光能(太阳能)等。电能也可以转化为其他形式的能。电能可以有线或无线的形式作远距离传输。

电能在现代社会中的广泛应用如图 1.9 所示。

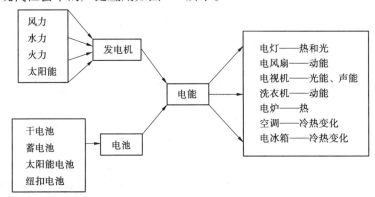

图 1.9 电能的广泛应用

2) 电能的计算

在一段时间内,电场力所做的功称为电能,用符号 W 表示。

$$W = Pt$$

电能的单位是焦[耳](J)。对于电能的单位,人们在日常生活中常常不用焦[耳],而用非法定计量单位"度"。焦耳和"度"的换算关系为

$$1 \text{ 度} = 1 \text{ kW} \cdot \text{h} = 3.6 \times 10^6 \text{J}$$

即功率为 1 000 W 的供能或耗能元件在 1 h 内所产生或消耗的电能为 1 度。

在生产生活中,电能通常用电能表进行计量。

例 1.1 某电灯泡标有"220 V,40 W"的字样,则灯丝的热态电阻是多少? 如果每天使用它照明 4 h,平均每月按 30 天计算,那么每月消耗的电能为多少度?

【分析】 (1)根据题意知道 P 和 U,所以用 $P = \dfrac{U^2}{R}$ 即可计算热态电阻 R。

(2)先根据公式 $W = Pt$ 求出电能 W,此时电能单位为 kW·h,再根据单位换算关系进行换算即可。

解:(1)由题意可知 $U = 220$ V,$P = 40$ W,根据公式 $P = \dfrac{U^2}{R}$ 得

$$R = \frac{U^2}{P} = \frac{(220 \text{ V})^2}{40 \text{ W}} = 1\ 210 \ \Omega$$

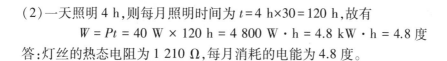

（2）一天照明 4 h，则每月照明时间为 $t = 4\ h \times 30 = 120\ h$，故有

$$W = Pt = 40\ W \times 120\ h = 4\ 800\ W \cdot h = 4.8\ kW \cdot h = 4.8\ 度$$

答：灯丝的热态电阻为 1 210 Ω，每月消耗的电能为 4.8 度。

【思考与练习】

一、填空题

1.规定电流的方向为 _____ 电荷定向移动的方向。

2.电路中任意两点之间的电位差，称为该两点间的 _____。

3.某 100 W 灯泡连续工作 10 h，消耗的电能为 _____ J。

二、选择题

1.在电路中，与参考点选择有关的物理量是（　　）。

  A.电流　　　　　　　B.电压　　　　　　　C.电位　　　　　　　D.电动势

2.电位和电压是不同的两个概念，因此在同一电路中，下列说法正确的是（　　）。

  A.电位与参考点的选择有关，但任意两点间的电压与参考点的选择无关

  B.电位和电压与参考点的选择有关

  C.电位和电压与参考点的选择无关

  D.电位不同，电压也不同

3.两用电器相比，功率越大的用电器（　　）。

  A.电流做功越多　　　B.电流做功越快　　　C.消耗的电能越多　　　D.所用的时间越少

4.电力系统中，以"kW · h"作为（　　）的计量单位。

  A.电压　　　　　　　B.电能　　　　　　　C.电功率　　　　　　　D.电位

三、判断题

1.电路形成电流的条件是要自由移动的带电粒子和两端有电压。（　　　）

2.金属导体中自由电子定向移动的方向为电流方向。（　　　）

3.在计算电路中各点电位时，与路径的选择无关，但与参考点的选择有关。（　　　）

4.在电路中，2 A 的电流比-2 A 的电流大。（　　　）

四、问答题

1.根据实际观察，电灯在深夜要比黄昏时亮一些，这是为什么？

2.电压与电位有何联系和区别?

1.3　电阻器及其应用

1.3.1　电阻与电阻器

1)电阻

实验证明,金属导体能够导电,但自由电子在导体中作定向移动时,导体对电流形成具有一定的阻碍作用。我们把导体对电流的阻碍作用称为电阻,用符号 R 表示。

在电路图中,电阻的电气图形符号是 ——▭——,国际单位是欧[姆](Ω)。电阻的常用单位还有千欧($k\Omega$)和兆欧($M\Omega$),它们之间的换算关系为

$$1 \ k\Omega = 10^3 \ \Omega$$

$$1 \ M\Omega = 10^3 \ k\Omega = 10^6 \ \Omega$$

1 欧[姆]的物理意义为:若加在某导体两端的电压为 1 V,产生的电流为 1 A,则该导体的电阻则为 1 Ω。

【阅读窗】

接触电阻

电阻的主要物理特征是变电能为热能,它在使用的过程中要发热,因此电阻是耗能元件。如电灯泡、电饭煲等用电器通电后要发热,这就是因为有电阻。

我们在连接导线与导线、导线与接线柱、插头与插座等时,一定要注意接触良好,尽量减小接触电阻,如图 1.10 所示。若接触电阻较大,就会留下"后遗症"——发热。在使用时连接处发热,容易引起电火灾事故。

任何物质都有电阻,当有电流流过时,克服电阻的阻碍作用需要消耗一定的能量。

图 1.10　导线连接时要尽量减小接触电阻

2）电阻器

电阻器在日常生活中一般直接称为电阻。

（1）电阻器的种类

电阻器按照其工作特性及在电路中的作用，可分为普通电阻器和特殊电阻器。普通电阻器又分固定电阻器和可变电阻器两大类。

阻值固定不变的电阻器称为固定电阻器，主要有碳膜电阻器、金属膜电阻器、氧化膜电阻器、水泥电阻器和线绕电阻器等。

阻值在一定范围内连续可调的电阻器称为可变电阻器或电位器，如图1.11所示。

（a）可变电阻器　　　　　　（b）电位器

图1.11　可变电阻器和电位器

【阅读窗】

电阻器是电路中应用最多的元件之一。除了常用电阻器以外，还有许多有特殊用途的电阻器，如热敏电阻、光敏电阻、可熔电阻等，见表1.2。

表1.2　特殊用途的电阻器

类型	说　明	图　示	应　用
热敏电阻	阻值会随温度的变化而变化	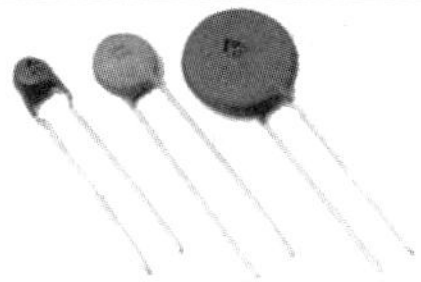	在电磁炉、电饭煲、温度传感器等电器中都有应用
光敏电阻	阻值会随光线强弱而变化		用于电子线路的自动控制，如光控门灯
可熔电阻	有固定的阻值，具有熔断器的功能		在电子线路中起保护作用，被称为电阻式保险丝
压敏电阻	一种限压型保护器件，响应时间为纳秒级		电子电路的过电压保护

贴片电阻(图1.12)具有体积小、质量轻、安装密度高、抗震性强、抗干扰能力强、高频特性好等优点,目前广泛应用于各类电子产品中。

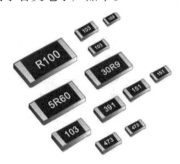

图1.12 贴片电阻

(2)电阻器的主要参数

电阻器的主要参数有标称阻值、允许偏差、额定功率等,如表1.3所示。

表1.3 电阻器的主要参数

主要参数	含 义	表示法			
标称阻值	标称阻值就是在电阻器的外表所标注的阻值。它表示的是电阻器对电流阻碍作用的强弱	标注方法有数字法、数字与字母组合法、色环法			
允许偏差	电阻器在生产过程中,由于技术原因,不可能制造出与标称值完全一样的电阻器,为了便于生产、管理和使用,规定了电阻器的精度等级,确定了电阻器在不同等级下的允许偏差	允许偏差的表示法如下:			
		百分比/%	色环	文字符号	罗马数字	色环电阻
		1	棕	F		五色环电阻
		2	红	G		
		5	金	J	I	四色环电阻
		10	银	K	II	
		20	无色	M	III	
额定功率	在正常条件下,电阻长时间工作而不损坏,或不显著改变其性能时所允许消耗的最大功率	常用的有1/16,1/8,1/4,1/2,1,2,5,10 W等,功率在1 W以上的电阻,一般把功率值直接标注在电阻体表面			

(3)电阻器的功率

对于线性电阻器来说,无论电压和电流参考方向是否有关联,都满足以下关系:

$$P = RI^2 = \frac{U^2}{R} \geq 0$$

上式表明,无论何时,电阻器都只能从电路中吸收电能,所以电阻器是耗能元件。

3) 色环电阻器的识别

在电阻器封装(即电阻表面)上涂上一定颜色的色环,以表示该电阻器标称阻值的大小和误差。这样的电阻器即为色环电阻器。色环中,每一种颜色代表一个有效数字,如表1.4所示。

表 1.4 色环电阻器中各色环的含义

颜 色	黑	棕	红	橙	黄	绿	蓝	紫	灰	白
数 字	0	1	2	3	4	5	6	7	8	9

常用的色环电阻器有四色环电阻器和五色环电阻器,其色环含义如图1.13所示。

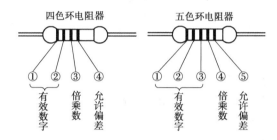

图 1.13 色环电阻器中色环的含义

四色环电阻器的第四环用来表示精度(误差),一般为金色、银色和无色,而不会是其他颜色(这一点在五色环中不适用)。这样,我们就可以知道哪一环该是第一环了。

五色环电阻器的精度较高,常见精度为±1%。

记忆口诀

棕1红2橙是3,4黄5绿6是蓝;

7紫8灰9雪白,黑是圆圈大鸡蛋。

金5银10表误差(%),读准色环就计算。

例 1.2 某四色环电阻器的第一环为红色、第二环为紫色、第三环为棕色、第四环为金色,求该电阻的参数。

解:第一环为红色,代表2;第二环为紫色,代表7;第三环为棕色,代表1;第四环为金色,代表±5%;那么这个电阻器的阻值为$27×10^1 \, \Omega = 270 \, \Omega$,阻值的误差范围为±5%。

例 1.3 某五色环电阻器的第一环为红色、第二环为红色、第三环为黑色、第四环为黑色、第五环为棕色,求该电阻的参数。

解:第一环为红色,代表2;第二环为红色,代表2;第三环为黑色,代表0;第四环为黑色,代表0;第五环为棕色,代表±1%;则其阻值为$220×10^0 \, \Omega = 220 \, \Omega$,阻值的误差范围为±1%。

【经验分享】

色环电阻器识读技巧

（1）金、银不开头。

解释：金色或银色不会作为第一环。

（2）黄、橙、灰、白不结尾。

解释：若某端环是黄、橙、灰、白色，则一定是第一环。

（3）第一环距端部较近。

（4）末环（偏差环）与其他几环的间隔距离稍远，且偏差环较宽。

（5）五色环电阻器，末环（误差环）一般是棕色。

解释：末环也有可能是金、银、棕、红、绿色。

（6）四色环电阻器，末环（误差环）一般是金色或银色。

解释：特殊电阻器末环为无色，即三色环。

（7）有效数字无金色、银色。

解释：若从某端环数起第一、二环有金色或银色，则另一端环是第一环。

（8）试读。一般成品电阻器的阻值不大于 22 MΩ，若试读大于 22 MΩ，则说明读反了。

（9）试测。用上述技巧还不能识别时可进行试测，但前提是电阻器必须完好。

注意：有些厂家的电阻器不严格按第（1）、（2）、（3）、（4）条生产，以上各条应综合考虑。

4）指针式万用表测量电阻

红表笔插入"+"插孔，黑表笔插入"−"插孔

图 1.14　表笔接插

（1）插入表笔

测电阻时，将红表笔插入"+"插孔，黑表笔插入"−"插孔，如图 1.14 所示。

（2）选择合适的挡位

为了提高测量精度，应根据电阻标称值的大小来选择量程（挡位），如图 1.15 所示。应使指针尽可能指在刻度尺的 1/3~2/3（即全刻度起始的 20%~80% 弧度），以使测量数据更准确。

一般来说，测量 100 Ω 以下的电阻可选"$R \times 1\ \Omega$"挡，测量 100 Ω ~ 1 kΩ 的电阻可选"$R \times 10\ \Omega$"挡，测量 1 ~ 10 kΩ 的电阻可选"$R \times 100\ \Omega$"挡，测量 10 ~ 100 kΩ 的电阻可选"$R \times 1\ k\Omega$"挡，测量 10 kΩ 以上的电阻可选"$R \times 10\ k\Omega$"挡

图 1.15　选择量程

（3）欧姆调零

测量电阻前,先进行欧姆调零。其方法如图1.16所示。

③让指针准确指在"0 Ω"的位置

②向左或向右调节欧姆零位调节旋钮

①将红黑表笔短接

图1.16 欧姆调零

注意:①每次改变挡位后,都必须进行欧姆调零操作。

②进行欧姆调零时,不能将两支表笔长时间短接,否则电池消耗过快。

（4）测量和读数

将两表笔(不分正负)分别与电阻的两端引脚相接,即可测出实际电阻值,如图1.17所示。测量时,待表针停稳后读数,然后乘以倍率,所得结果就是所测的电阻值。

（a）小阻值电阻测量 （b）大阻值电阻测量

图1.17 测量和读数

如图1.18所示,所选倍率是"$R \times 100$"挡,表头指针停留在20和30之间,20和30之间有5小格,每小格代表2 Ω,由于是倒刻度线,所以应由右向左读数,读取结果为22。因此,该电阻阻值 $R = 22 \times 100$ Ω $= 2.2$ kΩ。

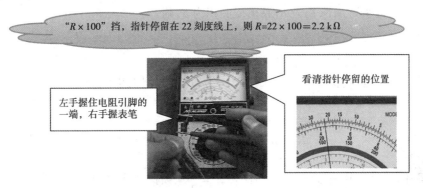

"$R \times 100$"挡,指针停留在22刻度线上,则$R=22 \times 100 = 2.2$ kΩ

看清指针停留的位置

左手握住电阻引脚的一端,右手握表笔

图1.18 测量电阻

【经验分享】

①务必使表笔与电阻器引脚接触良好,否则得不到正确的读数。

②测量电阻之前,或调换不同倍率挡后,都应将两表笔短接,用欧姆调零旋钮调零,调不到零位时应更换电池。

③测量时,当指针指示在中央位置附近时,读到的测量结果是最准确的;偏离中间位置太大时,读数就很不准确了。为了保证测量有一定精度,所以要选用不同的挡位,使测量时指针偏转到中央位置附近。

1.3.2 电阻定律

1)电阻定律的内容

在温度不变时,金属导体电阻的大小由导体的长度、横截面积和材料的性质等因素决定。这种关系称为电阻定律,其表达式为

$$R = \rho \frac{L}{S}$$

式中 ρ ——导体的电阻率,它由电阻材料的性质决定,是反映材料导电性能的物理量,
单位为欧·米($\Omega \cdot m$);

L ——导体的长度,单位为米(m);

S ——导体的横截面积,单位为平方米(m^2);

R ——导体的电阻,单位为欧[姆](Ω)。

例1.4 有一段粗细均匀的导体,电阻是4 Ω,把它对折起来作为一条导线用,电阻是多大? 如果把它均匀拉长到原来的两倍,电阻又是多大?

解:由 $R = \rho \frac{L}{S}$ 知,当 ρ 不变时,电阻 R 随 L、S 而变化。

由于导线的体积不变,因此,对折起来后,$L' = \frac{L}{2}$,$S' = 2S$;当均匀拉长后,$L'' = 2L$,$S'' = \frac{1}{2}S$。

设导线电阻率为 ρ,原长为 L,原横截面积为 S,则

$$R = \rho \frac{L}{S} = 4 \ \Omega$$

当导线对折后,其长 $L' = \frac{L}{2}$,横截面积 $S' = 2S$,所以导线电阻为

$$R' = \rho \frac{L'}{S'} = \rho \frac{\frac{1}{2}L}{2S} = \frac{1}{4}R = 1 \ \Omega$$

当导线拉长后,其长 $L'' = 2L$,横截面积 $S'' = \frac{1}{2}S$,所以导线电阻为

$$R'' = \rho \frac{L''}{S''} = \rho \frac{2L}{\frac{1}{2}S} = 4R = 16\ \Omega$$

答:导线对折后的电阻为 1 Ω,导线拉长到原长的两倍后电阻为 16 Ω。

2) 温度对电阻的影响

实验表明,电阻的电阻值会随着本体温度的变化而变化,即电阻值的大小与温度有关。衡量电阻受温度影响大小的物理量是温度系数,其定义为温度每升高 1 ℃时电阻值发生变化的百分数,用 α 表示。其表达式为

$$\alpha = \frac{R_2 - R_1}{R_1(t_2 - t_1)}$$

如果 $R_2 > R_1$,则 $\alpha > 0$,电阻就被称为正温度系数电阻,即电阻值随着温度的升高而增大的电阻,如金属银、铜、铝、钨等材料,电子灭蚊器中的电阻、彩色电视机中的消磁电阻等。如果 $R_2 < R_1$,则 $\alpha < 0$,电阻就被称为负温度系数电阻,即电阻值随着温度的升高而减小的电阻,如碳、半导体等,这种含负温度系数电阻的器件广泛应用于温度测量、温度补偿、抑制浪涌电流等场合。

显然 α 的绝对值越大,电阻受温度的影响也就越大。

这种阻值会随温度变化而变化的电阻称为热敏电阻。常见的热敏电阻有正温度系数电阻和负温度系数电阻,如图 1.19 所示。

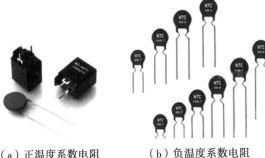

（a）正温度系数电阻　　　　（b）负温度系数电阻

图 1.19　热敏电阻

在一般情况下,若电阻值随温度变化不是太大,则温度对电阻的影响可以不考虑。

> **记忆口诀**
>
> 导体阻电叫电阻,电阻符号是 R。
> 基本单位是欧姆,还有 kΩ 和 MΩ。
> 决定电阻三因素,长度材料截面积。
> 不与电压成正比,电流与它无关系。
> 温度变化受影响,通常计算不考虑。

1.3.3 电阻电路

在电路中,用一个电阻往往不能满足电路要求,常需要几个电阻连接起来共同完成工作任务,实现电路的降压、限流、分压与分流。电阻的连接形式是多种多样的,最基本的方式是串联和并联。

1)电阻串联电路

在电路中,把两个或两个以上的电阻依次连成一串,为电流提供唯一的一条路径,没有其他分支的电路连接方式,称为电阻串联电路。如图 1.20 所示,电阻 R_1 和 R_2 串联。

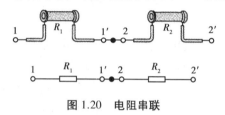

图 1.20 电阻串联

(1)电阻串联电路的特点

电阻串联电路的特点见表 1.5。

表 1.5 电阻串联电路的特点

参　数	内　容	表达式
等效电阻（总电阻）	串联电路等效电阻等于各分电阻之和	$R = R_1 + R_2 + \cdots + R_n$
电流	串联电路中电流处处相等	$I_1 = I_2 = I_3 = \cdots = I$
分压	各个电阻两端分配的电压与其阻值成正比	$U_1 : U_2 : U_3 : \cdots : U_n = R_1 : R_2 : R_3 : \cdots : R_n$
功率	各个电阻分配的功率与其阻值成正比	$P_1 : P_2 : P_3 : \cdots : P_n = R_1 : R_2 : R_3 : \cdots : R_n$

(2)电阻串联的应用

①获得较大的电阻。

②构成分压器,使同一电源能提供不同的电压。如图 1.21 所示,若已知两个串联电阻的总电压 U 及电阻 R_1、R_2,则分压为

$$U_1 = \frac{R_1}{R_1 + R_2} U$$

$$U_2 = \frac{R_2}{R_1 + R_2} U$$

③当负载的额定电压低于电源电压时,可用串联电阻的方法满足负载接入电源。

④限制和调节电路中电流的大小。如挂在圣诞树上的灯泡,就是把灯泡一个接一个地串联起来的,如图 1.22 所示。

图 1.22 圣诞节电灯泡串联电路

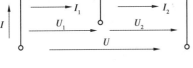

图 1.21 两个电阻的串联电路

⑤扩大电压表量程。

串联电阻记忆口诀
电路无处没电阻,各种接法阻不同,
串联电路一条线,不分叉来不分电。
串阻加阻总阻增,电压与阻比成正,
串联电阻分功率,阻与功率比成正。
电阻串联应用广,分压限流最常用。

2) 电阻并联电路

在电路中,把两个或两个以上的电阻并排连接在电路中的两个节点之间,为电流提供多条路径的电路连接方式称为电阻并联电路。如图 1.23 所示,电阻 R_1 和 R_2 并联。

(1)电阻并联电路的特点

电阻并联电路的特点见表 1.6。

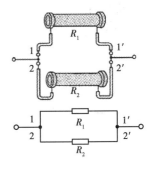

图 1.23 电阻并联

表 1.6　电阻并联电路的特点

参　数	内　容	表达式
等效电阻 （总电阻）	总电阻的倒数等于各并联电阻的倒数之和	$\dfrac{1}{R}=\dfrac{1}{R_1}+\dfrac{1}{R_2}+\cdots+\dfrac{1}{R_n}$
电流	总电流等于各支路电流之和	$I=I_1+I_2+\cdots+I_n$
分流	并联电路的电阻有分流作用,各电阻的电流与阻值成反比	$I_1:I_2:\cdots:I_n=\dfrac{1}{R_1}:\dfrac{1}{R_2}:\cdots:\dfrac{1}{R_n}$
功率	各电阻分配的功率与阻值成反比	$R_1P_1=R_2P_2=\cdots=R_nP_n=RP$

（2）电阻并联的应用

①形成独立的控制回路。凡是额定电压相同的负载均可采用并联的工作方式,这样每个负载都是一个独立控制的回路,任何一个负载的正常启动或通断都不影响其他负载。如家庭照明电路中灯泡的连接方式就是并联,即使取下一个灯泡,其他灯泡仍然能够正常使用。

②获得较小的电阻。

③扩大电流表的量程。

④分流。

分流是电阻并联的重要作用之一。根据并联电路电压相等的性质,在并联电路中,电流的分配与电阻成反比,即阻值越大的电阻分配到的电流越小;反之分配到的电流越大,即

$$\frac{I_1}{I_2}=\frac{R_2}{R_1}$$

当电路中的电流超过某个元件所允许通过的最大电流时,可给它并联一个适当的电阻分去一部分电流,使通过某个元件的电流减小到元件所允许的范围。如果两个电阻 R_1、R_2 并联,并联电路的总电流为 I,则两个电阻中的电流 I_1、I_2 分别为

$$I_1=\frac{R_2}{R_1+R_2}I$$

$$I_2=\frac{R_1}{R_1+R_2}I$$

并联电阻记忆口诀

并联电阻有特性,并联阻小把路添。

电压相等电流分,总流等于支流和。

阻小流大成反比,功率与阻成反比。

两阻并联积比和,相同电阻作等分。

电阻并联可分流,照明电路最常用。

3) 电阻混联电路

在实际电路中,常常既有电阻串联又有电阻并联,电阻的这种连接方式称为电阻混联,如图1.24(a)所示。图1.24(b)为该电路化简后的等效电路。

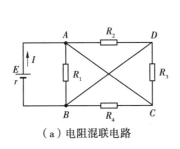

（a）电阻混联电路

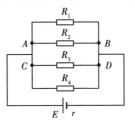

（b）等效电路

图 1.24　电阻混联电路

分析电阻混联电路的关键是把比较复杂的电路简化为最简单的等效电路。下面通过如图 1.25 所示的例子,介绍用"橡皮筋"法画等效电路图。

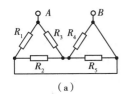

（a）

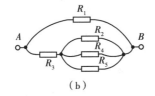

（b）

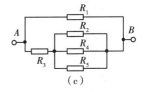

（c）

图 1.25　用"橡皮筋"法画等效电路图

①画草图。如图 1.25(a)所示,设电路两端点为 A、B,将连接导线想象为导电的"橡皮筋",可自由拉伸,绘出草图,如图 1.25(b)所示。

②画等效图。整理草图,画出等效电路图,如图 1.25(c)所示。

记忆口诀

无阻导线缩一点,等势点间连成线;

断路无用线撤去,节点之间依次连;

整理图形标准化,最后还要看一遍。

例 1.5　如图 1.26 所示,已知 $R_1 = R_2 = 8\ \Omega$,$R_3 = R_4 = 6\ \Omega$,$R_5 = R_6 = 4\ \Omega$,$R_7 = R_8 = 24\ \Omega$,$R_9 = 16\ \Omega$,电压 $U = 224$ V。试求电路总的等效电阻与总电流。

解:(1)由图可知,R_5、R_6、R_9 三者串联后,再与 R_8 并联,故 E、F 两端的等效电阻为

$$R_{EF} = (R_5 + R_6 + R_9)\ /\!/\ R_8 = 12\ \Omega$$

R_{EF}、R_3、R_4 三电阻串联后,再与 R_7 并联,放 C、D 两端的等效电阻为

$$R_{CD} = (R_3 + R_{EF} + R_4)\ /\!/\ R_7 = 12\ \Omega$$

所以总的等效电阻 R_{AB} 为

$$R_{AB} = R_1 + R_{CD} + R_2 = 28\ \Omega$$

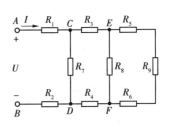

图 1.26　例 1.5 图

（2）电路的总电流 I 为

$$I = \frac{U}{R_{AB}} = \frac{224}{28}A = 8\ A$$

答：电路总的等效电阻为 28 Ω，总电流为 8 A。

【思考与练习】

一、填空题

1.在某导体两端施加的电压为 1 V，测得通过导体的电流为 1 A，则该导体的电阻则为 ＿＿＿Ω。

2.电阻按照其工作特性及在电路中的作用，可分为＿＿＿＿＿和＿＿＿＿＿。

3.四色环电阻的第四色环表示该电阻器阻值允许的＿＿＿＿＿等级。

4.五色环电阻的色环颜色依次为绿、棕、黑、红、棕，则其电阻值为＿＿＿kΩ。

5.将一根导线均匀拉长为原长的 3 倍，则阻值为原来的＿＿＿倍。

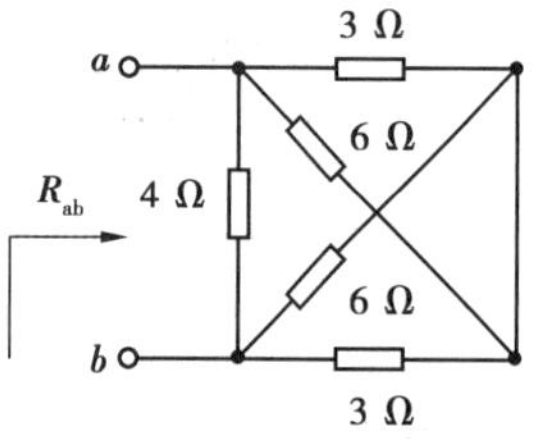

图 1.27

6.已知电阻 $R_1 = 6\ \Omega$，$R_2 = 9\ \Omega$，将这两个电阻并联起来接在电压恒定的电源上，则通过 R_1、R_2 的电流之比为＿＿＿＿＿。

7.5 个 10 Ω 的电阻串联时，其总电阻为＿＿＿＿＿Ω。

8.在电路中，并联电阻可起到＿＿＿＿＿作用，串联电阻可起到＿＿＿＿＿作用。

9.如图 1.27 所示，电路 a、b 端的等效电阻 $R_{ab} = $＿＿＿＿Ω。

二、选择题

1.将一根导线均匀拉长为原长的 4 倍，则阻值为原来的（　　　）倍。
　　A.4　　　　　　B.1/4　　　　　　C.16　　　　　　D.1/16

2.导体的电阻不但与导体的长度、横截面积有关，而且还与导体的（　　　）有关。
　　A.温度　　　　B.湿度　　　　C.距离　　　　D.材质

3.导线的电阻值与（　　　）。
　　A.其两端所加的电压成正比　　　　B.流过的电流成反比
　　C.所加电压和流过的电流无关　　　　D.导线的横截面积成正比

4.阻值不同的几个电阻并联后，等效电阻比任何一个电阻（　　　）。
　　A.大　　　　　B.小　　　　　C.与最小电阻相等　　D.都不是

5.串联电路中，电压的分配与电阻成（　　　）。
　　A.正比　　　　B.反比　　　　C.1∶1　　　　　D.2∶1

6.电阻并联电路不具有的特点是（　　　）。
　　A.并联电路中各支路两端的电压相等
　　B.并联电路中总电流等于各支路之和
　　C.并联电路中电阻越大的支路，分流越小

D.并联电路中并联的用电器越多,电路中的总电阻越大

7.有 3 盏小灯泡,3 个开关,1 个电池组,若干根导线。现要 3 个灯连接起来后,开关每盏灯时不影响别的灯,下列连接方法符合要求的是( )。

A.3 盏灯分别和 3 个开关串联后,再把它们并联

B.3 盏灯分别和 3 个开关串联后,再把它们串联

C.3 盏灯分别和 3 个开关串联后,再把两组并联,最后跟第三组串联

D.3 盏灯分别和 3 个开关串联后,再把两组串联,最后和第三组并联

三、判断题

1.电阻两端的电压为 9 V 时,电阻值为 100 Ω;当电压升至 18 V 时,电阻值将为 200 Ω。 ( )

2.导体的长度和横截面积都增大一倍,其电阻不变。 ( )

3.串联电路总电流与各部分电流永远是相等的。 ( )

4.并联电路中的各支路电流之比等于各支路电阻的反比。 ( )

5.并联电路中各支路的功率之比等于各支路电阻的正比。 ( )

6.电路如图 1.28 所示,$R_{ab}=100$ Ω。 ( )

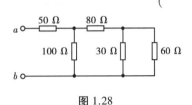

图 1.28

四、问答题

1.举例说明在什么情况下电阻越大越好? 在什么情况下电阻越小越好?

2.如果把两个 220 V、100 W 的电灯泡串联后接在 220 V 的家庭用电插座上,会有什么效果? 如果将其中一个灯泡换成 15 W 后,又会有什么效果?

3.有一个耐压值为 3 V 的小灯泡,测得其电阻值为 20 Ω,现要用 5 V 的电源给该灯泡供电使它正常发光,应该怎么办?

1.4 欧姆定律

在实际电路中,电阻、电流和电压之间到底有什么关系呢? 初学者常常容易混淆它们

之间的关系,如图1.29所示的争论就是一个例证。这个问题还是德国物理学家欧姆解决的。

图1.29 电流、电压、电阻的"啰唆事"

德国科学家欧姆通过分析电路中电流、电压和电阻相互之间的关系解释了电路中的这些现象,并总结出了欧姆定律。

欧姆定律适用于不含电源电路和含有电源电路两种情况,不含电源电路的欧姆定律称为部分电路欧姆定律,含有电源电路的欧姆定律称为全电路欧姆定律。

1.4.1 部分电路欧姆定律

1)部分电路欧姆定律的内容

在一段不包括电源的电路中,导体中的电流与它两端的电压成正比,与导体的电阻成反比,这就是部分电路欧姆定律,其公式为

$$I = \frac{U}{R}$$

式中 I——导体中的电流,单位为安[培](A);

U——导体两端的电压,单位为伏[特](V);

R——导体的电阻,单位为欧[姆](Ω)。

2)部分电路欧姆定律的应用

部分电路欧姆定律是针对电路中某一个电阻性元件上电压、电流与电阻值之间关系的定律。

利用欧姆定律的公式,在电压、电流及电阻3个量中,只要知道两个量的值就能知道

第三个量的值。例如,若知道了某段导体两端的电压和通过它的电流,就可以求出这段导体的电阻,这就是通常所称的伏安法测电阻。

$$I = \frac{U}{R}$$

为了便于记忆和掌握欧姆定律,可以把公式用图1.30来表示。用手盖住要求的物理量,剩下的就是运算公式,例如要求电压,用手盖住电压,公式就是$U=IR$。

图1.30 欧姆定律公式记忆图

记忆口诀

电压下面画一横,电流电阻横下乘。

用手盖住所求数,计算公式自然成。

1.4.2 全电路欧姆定律

1)全电路欧姆定律的内容

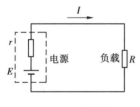

图1.31 全电路

部分电路欧姆定律是不考虑电源的,而大量电路都含有电源,这种含有电源的直流电路称为全电路。全电路是由电源和负载构成的一个闭合回路,如图1.31所示。

全电路的计算需用全电路欧姆定律解决。全电路欧姆定律针对的是整个闭合回路的电源电动势、电流、负载电阻及电源内阻之间的关系,其公式为

$$I = \frac{E}{R + r}$$

式中　I——电路中的电流,单位为安[培](A);

　　　E——电源的电动势,单位为伏[特](V);

　　　R——外电路(负载)的电阻,单位为欧[姆](Ω);

　　　r——电源内阻,单位为欧[姆](Ω)。

从上式可看出:在全电路中,电流与电源电动势成正比,与电路的总电阻(外电路电阻与电源内阻之和)成反比,这就是全电路欧姆定律的内容。

记忆口诀

全电路中电动势,符号为E单位V。

电路闭合有电流,通过内阻和外阻。

欲求电流有多少?E除以R加r。

---

2)全电路欧姆定律的应用

根据全电路欧姆定律,可以分析电路的3种情况。

①通路:在$I = \frac{E}{R+r}$中,E、R、r为确定值,电流也为确定值,电路工作正常。

②短路:当外电路电阻 $R=0$ 时, $I=\dfrac{E}{r}$, 由于电源内阻 r 很小,所以电流趋于无穷大,将烧毁电路和用电器,严重时甚至会造成火灾,实用中应该尽量避免,为此电路中专门设置了保护装置。

③断路(开路):此时 R 趋于无穷大, $I=\dfrac{E}{R+r}=0$, 即电路不通,不能正常工作。

【思考与练习】

一、填空题

1.在不含电源的电路中,电流与电路两端的电压成_____,与电路的电阻成_____。

2.全电路欧姆定律是指:电流的大小与电源的_____成正比,而与电源内部电阻和负载电阻之和成反比。

3.全电路欧姆定律适用于外电路为_____的电路。

二、选择题

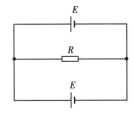

图 1.32

1.如图 1.32 所示,两个完全相同的电池向电阻 R 供电,每个电池的电动势为 E, 内阻为 r, 则 R 上的电流为( )。

A. $\dfrac{E}{R+r}$ 　　　　B. $\dfrac{2E}{R+r}$

C. $\dfrac{2E}{R+2r}$ 　　　　D. $\dfrac{2E}{2R+r}$

2.内阻为 r 的电路中,电源电动势为 E, 当外电阻 R 减少时,电源两端电压将( )。

A.不变　　　　B.增大　　　　C.减少　　　　D.无法判定

3.发生短路时容易烧坏电源的原因是( )。

A.电流过大　　　　B.电压过大　　　　C.电阻过大　　　　D.以上都正确

4.在电源电动势为 E, 内阻为 r, 外电路负载为 R 的电路中,当负载电阻阻值增大时,电源两端的电压( )。

A.不变　　　　B.无法判定　　　　C.增大　　　　D.减小

5.由欧姆定律 $R=\dfrac{U}{I}$ 可知,以下说法正确的是( )。

A.导体的电阻与电压成正比,与电流成反比

B.加在导体两端的电压越大,则电阻越大

C.加在导体两端的电压和流过的电流的比值为常数

D.通过电阻的电流越小,则电阻越大

6.已知电源电动势为 100 V,内阻为 2 Ω,负载电阻为 18 Ω,这时,电源释放的功率为（ ）。

    A.45 W   B.450 W   C.50 W   D.500 W

7.电池的内阻为 0.2 Ω,电源的端电压为 1.4 V,电路的电流为 0.5 A,则电池电动势和负载电阻为（ ）。

    A.1.5 V,2.8 Ω   B.1 V,2.5 Ω   C.1.5 V,2 Ω   D.1 V,2.8 Ω

三、判断题

1.欧姆定律指出,在一个闭合电路中,当导体温度不变时,通过导体的电流与加在导体两端的电压成反比,与其电阻成正比。   （ ）

2.短路状态下,电源内阻为零压降。   （ ）

3.欧姆定律体现了线性电路元件上电压、电流的约束关系,与电路的连接方式无关。

    （ ）

四、问答题

1.对于公式 $R = \dfrac{U}{I}$,能否说导体的电阻与导体两端的电压成正比,与通过导体的电流成反比？对于公式 $U = IR$,能否说导体两端的电压与导体的电阻和通过导体的电流成正比？

2.电源的内阻是固定的吗？如果是变化的,它会怎样变化?

【阅读窗】

电池组

1）串联电池组

把第 1 个电池的负极和第 2 个电池的正极相连接,再把第 2 个电池的负极和第 3 个电池的正极相连接,这样就组成了串联电池组。串联电池组广泛应用于手携式工具、笔记本电脑、通信电台、便携式电子设备、航天卫星、电动自行车、电动汽车及储能装置中。

若串联电池组由 n 个电动势都为 E、内阻都为 r 的电池组成,则串联电池组具有以下特性：

①串联电池组的电动势等于各电池电动势之和,即 $E_{串} = nE$。

②串联电池组的内电阻等于各电池内电阻之和,即 $r_{串} = nr$。

③当负载为 R 时,串联电池组输出的总电流为

$$I = \frac{nE}{R + nr}$$

2）并联电池组

把几个电池的正极和正极连在一起,负极和负极连在一起,就构成并联电池组。

若并联电池组是由 n 个电动势都是 E,内电阻都是 r 的电池组成的,则并联电池组具有以下特性:

①并联电池组的电动势等于一个电池的电动势,即

$$E_{并} = E$$

②并联电池组的内电阻等于一个电池内电阻的 $\frac{1}{n}$,即

$$r_{并} = \frac{r}{n}$$

记忆口诀

电源电池串并联,电流电压可改变,

电流不变接串联,电压可以成倍增。

电池并联使用它,容量变大不增压,

电流随之也增加,多并电池容量大。

【本章小结】

1.电路由电源、负载、控制与保护装置、连接导线 4 个部分组成。

2.电路中的常用物理量见表1.7。

表 1.7　电路中的常用物理量

物理量	定　义	有关公式	单　位
电流	电荷的定向移动,通常是指单位时间内通过导线某一截面的电荷量	$I = \dfrac{q}{t}$	安[培](A)
电压	电场中任意两点之间的电位差	$U = \dfrac{W}{q}$	伏[特](V)
电功率	电路元器件或设备在单位时间内所做的功	$P = \dfrac{W}{t} = UI$	瓦[特](W)
电能	在一段时间内电场力所做的功	$W = Pt$	焦[耳](J)
电阻	物体对电流的阻碍作用	$R = \rho \dfrac{L}{S}$	欧[姆](Ω)

3.电阻的连接形式是多种多样的,最基本的连接方式是串联和并联。电阻串联电路和电阻并联电路的特征比较见表1.8。

表 1.8 电阻串联电路和电阻并联电路的特性比较

比较项目		串 联	并 联
特点	电流	电流处处相等，即 $I_1 = I_2 = I_3 = \cdots = I$	总电流等于各支路电流之和。即 $I = I_1 + I_2 + \cdots + I_n$
特点	电压	总电压等于各电阻两端电压之和，即 $U = U_1 + U_2 + U_3 + \cdots + U_n$	总电压等于各分电压，即 $U_1 = U_2 = \cdots = U = U_{ab}$
性质	电阻	总电阻等于各电阻之和，即 $R = R_1 + R_2 + R_3 + \cdots + R_n$	总电阻的倒数等于各个并联电阻倒数之和，即 $\dfrac{1}{R} = \dfrac{1}{R_1} + \dfrac{1}{R_2} + \cdots + \dfrac{1}{R_n}$ 特例: $R = \dfrac{R_1 R_2}{R_1 + R_2}$ $R = \dfrac{R_1 R_2 R_3}{R_1 R_2 + R_1 R_3 + R_2 R_3}$
性质	电阻与分压	各电阻两端分配的电压与其阻值成正比，即 $U_1 : U_2 : U_3 : \cdots : U_n = R_1 : R_2 : R_3 : \cdots : R_n$	各支路电阻上的电压相等
性质	电阻与分流	不分流	与电阻值成反比，即 $I_1 : I_2 : \cdots : I_n = \dfrac{1}{R_1} : \dfrac{1}{R_2} : \cdots : \dfrac{1}{R_n}$
性质	功率分配	各个电阻分配的功率与其阻值成正比，即 $P_1 : P_2 : P_3 : \cdots : P_n = R_1 : R_2 : R_3 : \cdots : R_n$	各电阻分配的功率与阻值成反比，即 $R_1 P_1 = R_2 P_2 = \cdots = R_n P_n = RP$

4.欧姆定律。欧姆定律包括部分电路欧姆定律和全电路欧姆定律。

部分电路欧姆定律是针对电路中某一个电阻性元件上电压、电流与电阻值之间关系的定律。全电路欧姆定律是针对整个闭合回路的电源电动势、电流、负载电阻及电源内阻之间关系的定律。

第2章 电容器和电感器及其应用

电容器和电感器都是电子电路中的储能元件。在电子电路中,电容器一般起滤波、旁路、耦合、调谐、选频等作用;电感器起滤波、限流、调谐、振荡、抑制干扰、产生磁场的作用。两者在电路中不能互相替代。

【学习目标】

- 理解电容器、电感器的概念;
- 掌握电容器、电感器的电气符号、主要参数及标注方法;
- 掌握电容器、电感器的特性及在电路中的使用方法;
- 掌握电容器串联、并联电路的特点;
- 能使用万用表等仪表测量电容器、电感器的质量。

2.1 电容器及其应用

电容器简称电容,在电力系统中用于提高供电系统的功率因数;在电子电路中具有滤波、耦合、旁路、调谐、选频等作用。

2.1.1 电容器简介

1)电容器的外形结构

(1)电子技术中常用的电容器

电子技术中常用电容器的外形如图2.1所示。

(2)单相电动机常用的电容器

单相电动机常用电容器的外形如图2.2所示。

(3)电力系统常用的电容器

电力系统常用电容器的外形如图2.3所示。

（a）电解电容器　　　　　（b）薄膜电容器　　　　　（c）瓷片电容器

图 2.1　电子技术中常用电容器的外形

（a）洗衣机电容器　　　　（b）电风扇电容器　　　　（c）电冰箱电容器

图 2.2　单相电动机常用的电容器

（a）低压电容器　　　　　　　　（b）高压电容器

图 2.3　电力系统常用电容器

2）电容器的内部结构

两个相距很近的平行金属板（导体）中间夹一层绝缘物质——电介质（空气也是一种电介质），就组成了一个最简单的电容器，如图 2.4 所示。

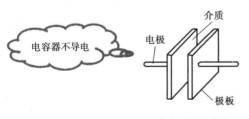 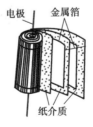

（a）平板电容器　　　　　　　　（b）纸介电容器

图 2.4　电容器的结构示意图

电容器的绝缘介质不同，其电容量就不同。

> **记忆口诀**
>
> 一个电容两极板,绝缘介质夹中间。
>
> 绝缘介质是何物,决定容量是关键。

3) 电容器的种类

电容器的分类方法较多,表2.1列出了两种常用的分类方法。

表2.1 电容器的常用分类方法

分类方法	种 类	图 示	说 明
按制造材料分	瓷介电容器		以陶瓷材料为电介质,陶瓷外涂覆金属薄膜作为极板
	电解电容器		用铝箔作一个极板,以铝箔上很薄的一层氧化膜为电介质,用浸过电解液的纸作另一个极板。电解电容器的引脚有正负极之分,使用时不能接错
	聚酯电容器(涤纶电容)		用两片金属箔作电极,夹在极薄绝缘介质中,卷成圆柱形或者扁柱形芯子,介质是涤纶
按结构分	微调电容器		在两个陶瓷体上镀银制成,调节两金属极片间的距离或改变它们的交叠角度即可改变它们的电容量
	可变电容器		两极由两组铝片组成,固定的一组铝片称为定片,可以转动的一组铝片称为动片;空气为电介质。转动动片,电容变化
	固定电容器		固定电容器指制成后电容量固定不变的电容器,又分为有极性和无极性两种

【经验分享】

一般电解电容器的正极引脚相对较长,负极引脚相对较短,并且在电解电容器的表面上也会标注引脚的极性。若电解电容器的一侧标注有"−",则表示这一侧的引脚为负极,另一侧的引脚则为正极,如图 2.5 所示。

图 2.5 电解电容器引脚极性识别

4)电容器的电气符号

在电路图中,电容器用符号 *C* 表示。由于电容器的种类很多,因此其电气图形符号比较多,常用电容器的电气图形符号见表 2.2。

表 2.2 常用电容器的电气图形符号

名称	无极性电容器	电解电容器	半可变电容器	可变电容器	双联可变电容器
图形符号					

【思考与练习】

一、填空题

1.两个相距很近的平行金属板中间夹一层绝缘物质——_____,就可组成一个最简单的电容器。

2.电解电容器两接线电极有_____之分。

3.电容器按结构不同,可分为_____、_____和_____三大类。

二、选择题

1.电路图中某电容器的符号如图 2.6 所示,则该电容器为(   )。
    A.固定电容器   B.涤纶电容器   C.可变电容器   D.半可变电容器

2.电路图中某电容器的符号如图 2.7 所示,则该电容器为(   )。
    A.固定电容器   B.涤纶电容器   C.可变电容器   D.半可变电容器

3.如图 2.8 所示电容器,下列说法错误的是(   )。
    A.标注"−"侧对应的引脚为负极   B.耐压为 80 V,容量为 1 000 μF
    C.这是一个电解电容器   D.这是一个可变电容器

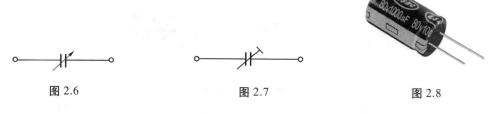

图2.6   图2.7   图2.8

三、判断题

1.任何两个通电导体都可构成电容器。 （　　）

2.电容器在使用过程中都不分正负极，可以任意连接。 （　　）

3.有极性电容器，引脚长的是负极，引脚短的是正极。 （　　）

4.有极性电容器，外壳上有"－"标识的一侧对应的引脚为负。 （　　）

2.1.2　电容量及电容器的主要参数

1)电容量

电容器因其储存电能的特性而得名，为了表示电容器储存电能本领的大小，引入了电容量这个物理量。将如图2.9所示电容器与水容器进行对比，可以更好地理解电容量的物理意义。

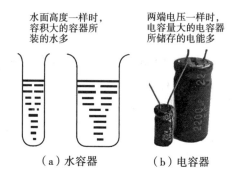

水面高度一样时，容积大的容器所装的水多

两端电压一样时，电容量大的电容器所储存的电能多

（a）水容器　　　　　（b）电容器

图2.9　电容器与水容器对比

当在电容器两个极板上加上直流电压 U 后，极板上就有等量电荷 Q 储存，其储存电荷能力的大小称为电容量。电容量与电荷、电压的关系为

$$C = \frac{Q}{U}$$

式中　Q——极板上所带电荷量，单位为库［仑］（C）；

　　　　U——极板间的电压，单位为伏［特］（V）；

　　　　C——电容量，单位为法［拉］（F）。

可见，在同一电压下电容器容纳电荷 Q 越多，电容量 C 越大，表明电容器容纳电荷的本领越强。

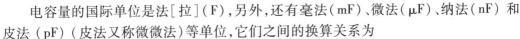

电容量的国际单位是法[拉](F),另外,还有毫法(mF)、微法(μF)、纳法(nF) 和皮法（pF）（皮法又称微微法）等单位,它们之间的换算关系为

$$1\ F\ =\ 10^3\ mF$$
$$1\ mF\ =\ 10^3\ \mu F$$
$$1\ \mu F\ =\ 10^3\ nF$$
$$1\ nF\ =\ 10^3\ pF$$

> **记忆口诀**
>
> 电容两端加电压,正负电荷两边站。
>
> 电荷在上电压下,两者相除来计算。
>
> 一般单位是法拉,微法皮法可换算。

电容量的大小取决于电容器本身的形状、极板的正对面积、极板的距离和绝缘介质的种类。电容器的电容量与电容器极板的面积成正比,与两极板间的距离成反比,即

$$C\ =\ \varepsilon\frac{S}{d}$$

式中　　C——电容量,单位为法[拉](F);

　　　　S——极板的有效面积,单位为平方米(m^2);

　　　　d——两极板间的距离,单位为米(m);

　　　　ε——绝缘介质的介电常数(不同种类的绝缘介质,其介电常数不同,计算时可查阅电工手册等资料)。

> **记忆口诀**
>
> 电路能够存电能,绝缘极板两导体。
>
> 极板面积成正比,极板距离成反比。
>
> 绝缘介质有多种,介电常数成正比。

【友情提示】

有时候,电容器与电容量都简称电容,但是它们的含义是不一样的。电容器是一个能储存电能的电子元件,而电容量则是一个衡量电容器储存电能本领的物理量。

【阅读窗】

分布电容及预防措施

并不是只有电容器才有电容,在任何两个相邻的通电导体之间都存在电容,通常把这种电容称为分布电容或寄生电容。例如电力输电线之间、输电线与大地之间、晶体管各管脚之间以及元件与元件之间都存在电容,两根相距很近的平行导线之间的分布电容如图 2.10 所示,它对电路是有害的。

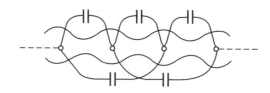

图 2.10 平行导线之间的分布电容示意图

例如,现在非常流行的智能手机、车用音响设备等数字产品中,其线路排列紧密,且多采用双面印制板布线,在设计和布线时就要考虑尽量减小分布电容的影响,以抑制电源和地线可能产生的噪声。通常模拟电路区和数字电路区要合理地分开,电源和地线要单独引出。

又如,在家庭综合布线时,要将 220 V 供电线路与电话线、网络线及音频、视频线等分开布线,且要求尽量不要平行走线。如果不能避免走平行线,则应留足够的距离,如图 2.11 所示。

图 2.11 电视背景墙布线示例

2)电容器的主要参数

（1）主要参数

电容器的主要参数有标称容量、允许偏差和额定工作电压,这些参数一般直接标注在电容器的封装上,如图 2.12 所示。

图 2.12 电容器主要参数的标注

①标称容量

成品电容器上所标注的电容量,称为电容器的标称容量。

②允许偏差

电容器的实际容量与标称容量存在一定的偏差,允许的最大偏差范围,称作电容器的允许偏差。电容器的标称容量与实际容量的偏差反映了电容器的精度。精度等级与允许偏差的对应关系见表2.3。实际容量和标称容量允许的最大偏差范围一般分为3级: Ⅰ级±5%,Ⅱ级±10%,Ⅲ级±20%。

表2.3 电容器的精度等级与允许偏差的对应关系

精度级别	罗马数字标注			英文字母标注					
	Ⅰ	Ⅱ	Ⅲ	D	F	G	J	K	M
允许偏差/%	±5	±10	±20	±0.5	±1	±2	±5	±10	±20

③额定工作电压

额定工作电压是指电容器在规定的温度范围内,能够连续可靠地工作的电压。电容器承受的电压超过它的允许值可能造成电容器击穿而不能使用(金属膜电容器和空气介质电容器例外)。额定工作电压的大小与电容器所用介质和环境温度有关,常用的额定工作电压有6.3,10,16,25,50,63,100,400,500,630,1 000,2 500 V。耐压是指电容器在规定时间内能承受的最高电压。耐压一般直接标注在电容器封装上,但有些电解电容器的耐压采用色环标注法(以下简称"色标法")标注,位置靠近正极引出线的根部,所表示的意义见表2.4。

表2.4 电容器耐压色环标志

颜 色	黑	棕	红	橙	黄	绿	蓝	紫	灰
耐压/V	4	6.3	10	16	25	32	40	50	63

在交流电路中,电容器两端所加交流电压的最大值不能超过其耐压。

【友情提示】

电容器的参数是选用电容器的主要依据。

(2)标注方法

电容器主要参数的标注方法有直接标注法、数字标注法、字母与数字混合标注法和色标法,见表2.5。

表2.5 电容器主要参数的标注方法

标注方法	说 明	举 例
直接标注法	将电容器的主要参数(标称容量、额定电压及允许偏差)直接标注在电容器的封装上	如0.004 7 μF/275V,0.004 7 μF 是容量,相当于4 700 pF,275 V是耐压

续表

标注方法	说　明	举　例
数字标注法	一般是用 3 位数字表示电容器的容量。其中前两位为有效值数字,第三位为倍乘率(即表示有效值后有多少个 0)。电解电容器的单位采用 μF,非电解电容器单位采用 pF。 　也有四位数表示电容器的容量的。当用整数时,单位为 pF,用小数时,单位为 μF。	在电解电容器上标注 010,则表示为 01×100＝1 μF。 　2200 表示 2 200 pF,0.047 表示 0.047 μF
字母与数字混合标注法	用 2～4 位数字表示有效值,用 P、n、m、μ、G、m 等字母表示有效数后面的量级。进口电容器在标注数字时不用小数点,而是将整数部分写在字母之前,将小数部分写在字母之后	4P7 表示 4.7 pF;3m3 表示 3 300 μF;104 K 表示容量 0.1 μF,容量允许偏差为 ±10%;331J 表示 330 pF,误差±5%;6P8 表示 6.8 pF;P3 表示 0.3 pF;5μ9 表示 5.9 μF;5m9 表示 5 900 μF;3F3 表示 3.3 F
色标法	色标法有多种不同形式,除五色标法外,如仅标出三色条,前二色条表示有效值,第三色条表示倍乘数,这种表示方法不标出容量偏差。若有某一色条宽度为其他色条的 2 倍,则表示重复数。 　色标法单位采用 pF,读码顺序由左到右或由上到下	某电容器色条为宽橙条、红色,即为 33×10² pF＝3 300 pF

　　例 2.1　某瓷片电容器上印有"104、K、200"3 行字,试说明该电容器的规格。

　　解:104 代表该电容器电容量为 $10×10^4$ pF＝0.1 μF,K 表示电容量误差为 ±10%,200 表示额定工作电压为 200 V。

图 2.13　例 2.3 图

　　例 2.2　某电容器上印有 105J,试说明该电容器的规格。

　　解:105 表示电容器电容量为 1 000 000 pF＝1 μF,J 表示电容量误差为±5%。

　　例 2.3　如图 2.13 所示,试说明该电容器的规格。

　　解:该电容器的电容量为 $22×10^4$ pF＝0.22 μF,电容量误差为 J 级(±5%),额定工作电压为 160 V。

【思考与练习】

一、填空题

1.以空气为介质的平行板电容器,若增大两极板的正对面积,电容量将_____。

2.以空气为介质的平行板电容器,若增大两极板间的距离,电容量将_____。

3.以空气为介质的平行板电容器,若插入某种介质,电容量将_____。

4.某电容器的标称值为"10 μF,±10%,160 V"。使用时该电容器的工作电压不能超过_____ V。

5.20 pF = _____ F。

6.两个电容器电量之比为 2∶1,电压之比为 1∶2,则它们的电容量之比为_____。

二、选择题

1.下面关于电容器及其电容量的叙述,正确的是(　　　)。

　　A.两个彼此绝缘而又相互靠近的导体,就组成了电容器,跟这两个导体是否带电无关

　　B.电容器所带的电荷量是指每个极板所带电荷量的代数和

　　C.电容器的电容与电容器所带电荷量成反比

　　D.一个电容器的电荷增加量 $\Delta Q = 1.0 \times 10^{-6}$ C 时,两板间电压升高 10 V,则电容器的电容量无法确定

2.下列电容量单位的换算,正确的是(　　　)。

　　A.1 F = 10 μF　　　　B.1 F = 100 μF　　　　C.1 F = 1×10^3 μF　　　　D.1 F = 1×10^6 μF

3.选用电容器时,应特别注意(　　　)。

　　A.电容器的编号前缀　　　　　　　　B.电容器的放大倍数

　　C.电容器的标称值和耐压值　　　　　D.新旧程度

4.色环电容器的第四环为银色,其误差值是(　　　)。

　　A.5%　　　　　　　B.10%　　　　　　　C.15%　　　　　　　D.20%

三、判断题

1.电容器的电容量是不会随电荷量的多少而变化的。　　　　　　　　　　　　(　　　)

2.电容器击穿的含义是:两极板间的绝缘介质被破坏,起不到绝缘的作用而导致短路。

　　　　　　　　　　　　　　　　　　　　　　　　　　　　　　　　　　(　　　)

3.电容器必须在电路中使用才有电量,因为此时才有电容量。　　　　　　　　(　　　)

4.平行板电容器的电容量与外加电压的大小无关。　　　　　　　　　　　　　(　　　)

5.电容器的容量就是电容量。　　　　　　　　　　　　　　　　　　　　　　(　　　)

6.某电容器上标注"3m3",则其容量为 3 300 pF。　　　　　　　　　　　　　(　　　)

7.某电容器上标注"3P3",则其容量为 3.3 pF。　　　　　　　　　　　　　　(　　　)

四、问答题

1.对于平行板电容器,如果增大两极板间的正对面积S,那么,电容器所带的电量Q会如何变化?

2.什么是电容器的额定工作电压? 我们怎样才能知道某个电容器的额定工作电压是多少?

2.1.3 电容器的性质及质量判定

1)电容器的性质

(1)电容器充放电规律

如图2.14(a)所示为电容器充放电实验演示板,如图2.14(b)所示为其电路图。实验时,先将开关 S 置于"充电"挡,观察检流计指针的变化情况;再将开关 S 置于"放电"挡,观察检流计指针的变化情况。

（a）演示板　　　　　　　　　　（b）电路图

图2.14　电容器充放电实验

①电容器的充电规律

如图2.15(a)所示,电容器充电开始的一瞬间,电容器两端的电压为零,充电电流最大;在电容器充电过程中,电容器两端的电压慢慢上升,充电电流逐渐减小;充电结束时,电容器两端的电压近似等于电源电压,充电电流为零。

②电容器的放电规律

如图 2.15(b)所示,电容器放电开始的一瞬间,电容器两端的电压最高,放电电流最大。在放电过程中,电容器两端的电压慢慢降低,放电电流逐渐减小;放电结束时,电容器两端的电压为零,放电电流为零。

从电容器充放电的规律可看出:电容器端电压不能突变,电容器能储存电荷。

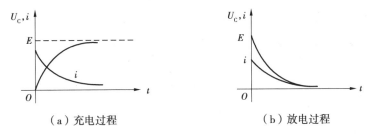

（a）充电过程　　　　　　　（b）放电过程

图 2.15　电容器充放电曲线

【友情提示】

在电容器充、放电过程中,电路中的电流是由电容器的充、放电形成的,而不是电流直接通过电容器中的电介质形成的。在充电过程中,电容器储存电荷,两极板间形成一定的电压,产生电场,储存一定的电场能量;在放电过程中,电容器释放电荷,同时释放电场能量。

（2）电容器对电流的作用

按图 2.16 所示电路图连接好电路,然后按以下步骤进行实验:

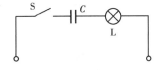

图 2.16　电容器电路图

①将 3 V 的直流电源接入电路,观察灯泡是否发光。

②将 3 V、50 Hz 的交流电源接入电路,观察灯泡是否发光。用导线将图中的 C 短路,观察灯泡发光情况是否有变化。

③把 470 μF 的电容器换成 100 μF 的电容器,观察灯泡发光情况是否有变化。

④分别接入 4 V、50 Hz 的交流电和 4 V、500 Hz 的交流电,观察灯泡的亮暗情况。

通过上述 4 个步骤,可得出以下结论:

①电容器隔直流,通交流。

②电容器对交流电有阻碍作用。我们把电容器对交流电的阻碍作用叫容抗,用 X_C 表示,单位为欧[姆](Ω)。

③电容器容量越大,容抗越小,对交流电阻碍作用越小。

④交流电的频率越高,容抗越小,对交流电的阻碍作用越小,即电容器通高频阻低频。

经过严密的理论推导和大量的实验可得出

$$X_C = \frac{1}{2\pi f C}$$

该式表明,电容器的容抗与电容器的电容量及交流电的频率有关。

【经验分享】

电容器对电流的作用可用 8 个字概括:隔直通交,阻低通高。

2) 电容器质量好坏的判定

用指针式万用表检测电容器的质量,就是电容器充放电规律的应用,具体方法见表 2.6 和表 2.7。

表 2.6　指针式万用表检测无极性电容器的方法

接线示意图	表头指针指示	说　明
测量 0.01 μF 以下的电容器 $R×10k$		由于容量小,因此充电电流小,现象不明显,指针向右偏转角度不大,阻值为无穷大
		如果测出阻值为零(指针向右摆动),则说明电容器漏电损坏或击穿
测量 0.01 μF 以上的电容器 $R×10k$		容量越大,指针偏转角度越大,向左返回也越慢
		如果指针向右偏转后不能返回,说明电容器已经短路损坏;如果指针向右偏转然后向左返回到某一稳定值,阻值小于 500 kΩ,说明电容器绝缘电阻太小,漏电电流较大,也不能使用

表 2.7　指针式万用表检测有极性电容器的方法

接线示意图	表头指针指示	说　明
	不接万用表	检测前,先将电容器两引脚短接,以放掉电容器内残余的电荷

续表

接线示意图	表头指针指示	说 明
有极性(电解)电容器质量检测	∞ ... 0 Ω / 1k	黑表笔接电容器的正极,红表笔接电容的负极,指针迅速向右偏转,而且电容量越大,偏转角度越大,若指针没有偏转,说明电容器开路失效
	∞ ... 0 Ω / 1k	指针到达最右端之后,开始向左偏转,先快后慢,表头指针向左偏到接近电阻无穷大处,说明电容器质量良好。指针指示的电阻值为漏电阻值。如果指示的阻值不是无穷大,说明电容器质量有问题。若阻值为零,说明电容器已经击穿
电解电容器极性判断	∞ ... 0 Ω / 1k	若电解电容器的正、负极性标注不清楚,用万用表 $R×1k$ 挡可以将电容器正、负极性判定出来。方法是先任意测量漏电电阻,记住大小,然后交换表笔再测一次,比较两次测得的漏电电阻的大小,漏电电阻大的那一次黑表笔接的就是电容器正极,红表笔接的为负极
	∞ ... 0 Ω / 1k	

【经验分享】

万用表测量电容器挡位选取原则:容量大,挡位小;容量小,挡位大。一般容量大于 47 μF 选"$R×100$"挡,容量 1~47 μF 选"$R×1k$"挡,容量小于 1 μF 选"$R×10k$"挡。

【阅读窗】

电力电容器是用于电力系统和电工设备的电容器。当电容器在交流电压下使用时,常以其无功功率表示电容器的容量,单位为乏(var)或千乏(kvar)。常用电力电容器见表2.8。

表 2.8 常用电力电容器

电容器类型	功能说明
并联电容器	主要用于补偿电力系统感性负荷的无功功率,以提高功率因数,改善电压质量,降低线路损耗
串联电容器	串联于高压输、配电线路中,用以补偿线路的分布感抗,提高系统的静、动态稳定性,改善线路的电压质量,加长送电距离和增大输送能力

续表

电容器类型	功能说明
耦合电容器	主要用于高压电力线路的高频通信、测量、控制、保护以及在抽取电能的装置中作部件用
断路器电容器	并联在超高压断路器断口上起均压作用,使各断口间的电压在分断过程中以及断开时均匀,并改善断路器的灭弧特性,提高分断能力
电热电容器	用于频率为 40~24 000 Hz 的电热设备中,以提高功率因数,改善回路的电压或频率等特性
脉冲电容器	主要起储能作用,用作冲击电压发生器、冲击电流发生器、断路器试验用振荡回路等基本储能元件
直流和滤波电容器	用于高压直流装置和高压整流滤波装置中
标准电容器	用于工频高压测量介质损耗的回路中,作为标准电容或测量高压的电容分压装置

【思考与练习】

一、填空题

1.使电容器带电的过程称为_____。

2.电容器的容抗与电容器的_____有关,与交流电的_____有关。

3.电容器在放电过程中,两端的电压慢慢_____,放电电流逐渐_____。

4.电容器在充电过程中,两端的电压慢慢_____,充电电流逐渐_____。

二、选择题

1.电容器在直流电路中相当于(　　　)。

  A.短路　　　　　　　　B.开路　　　　　　　　C.高通滤波器　　　　　　　　D.低通滤波器

2.电容器的作用是(　　　)。

  A.阻碍电流的作用　　　　　　　　B.隔直通交

  C.单向导电性　　　　　　　　D.电流放大

3.如图 2.17 所示,某同学在测量电解电容器时出现了表针不回归的情况,这表明(　　)。

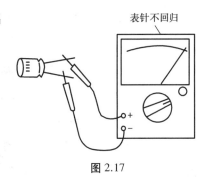

A.电容器开路

B.电容器击穿或者严重漏电

C.电容器内部短路

D.电容器断路

图 2.17

三、判断题

1.电容器和电阻器一样,具有隔直流、通交流的作用。　　　　　　　　(　　)

2.在电容器充电和放电过程中,电路中的电流没有通过电容器中的电介质,这是电容器充电、放电形成的电流。　　　　　　　　　　　　　　　　　(　　)

3.电容器充电时电流与电压方向一致,电容器放电时电流和电压的方向相反。

　　　　　　　　　　　　　　　　　　　　　　　　　　　　　(　　)

4.电容器对直流电流的阻力很大,可认为是开路。　　　　　　　　　(　　)

四、问答题

1.用万用表欧姆挡检测电容器时,如果指针偏转至某一个阻值就不动了,则电容器有什么问题?

2.用容抗公式解释为什么电容器能"隔直通交,阻低通高"。

2.1.4　电容器的连接及应用

在实际应用中,往往会遇到电容器的电容量或额定工作电压不满足要求的情况。此时可先通过计算,然后对电容器进行串联或并联,以满足实际电路的要求。

1)电容器串联及应用

(1)电容器串联电路的特点

将两只或两只以上的电容器依次首尾相连,中间无分支的连接方式称为电容器的串联,如图 2.18 所示。

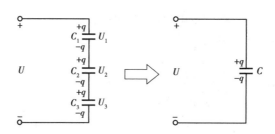

图 2.18　电容器的串联

【友情提示】

对于电解电容器,应注意串联时极性不能接错。

电容器串联电路的特点见表 2.9。

表 2.9　电容器串联电路的特点

项 目	特 点	公 式
电荷量关系	每个电容器极板带的电荷量相等	$Q = Q_1 = Q_2 = Q_3 = \cdots = Q_n$
等效电容	总电容量的倒数等于各电容器的电容量的倒数之和	$\dfrac{1}{C} = \dfrac{1}{C_1} + \dfrac{1}{C_2} + \dfrac{1}{C_3} + \cdots + \dfrac{1}{C_n}$ 当 n 个电容器的电容量均为 C_0 时,总电容量 C 为 $C = \dfrac{C_0}{n}$
电压关系	总电压等于各分电压之和	$U = U_1 + U_2 + U_3 + \cdots + U_n = Q\left(\dfrac{1}{C_1} + \dfrac{1}{C_2} + \dfrac{1}{C_3} + \cdots + \dfrac{1}{C_n}\right)$

【友情提示】

①在电容器串联电路中,容量大的电容器分配到的电压小,容量小的电容器分配到的电压大。当两个电容串联时,分压公式为

$$U_1 = \frac{C_2}{C_1 + C_2} U$$

$$U_2 = \frac{C_1}{C_1 + C_2} U$$

②当两个电容器串联时,则等效电容为

$$C = \frac{C_1 C_2}{C_1 + C_2}$$

(2)电容器串联的应用

电容器串联,相当于拉大了两个极板间的距离,所以,其总容量会减小。

电容器串联可以提高额定工作电压。当一只电容器的额定工作电压太小不能满足需要时,除选用额定工作电压高的电容器外,还可采用电容器串联的方式来获得较高的电压。

例2.4　现有两只电容器,其中一只电容器的电容为 $C_1 = 2$ μF,额定工作电压为 160 V,另一只电容器的电容为 $C_2 = 10$ μF,额定工作电压为 250 V,若将这两个电容器串联起来,接在 300 V 的直流电源上,问每只电容器上的电压是多少? 这样使用是否安全? 若不安全,外加总电压应满足什么条件?

解:两只电容器串联后的等效电容为

$$C = \frac{C_1 C_2}{C_1 + C_2} = \frac{2 \times 10}{2 + 10} \text{ μF} \approx 1.67 \text{ μF}$$

各电容的电容量为

$$q_1 = q_2 = CU = (1.67 \times 10^{-6} \times 300) \text{C} \approx 5 \times 10^{-4} \text{ C}$$

各电容器上的电压为

$$U_1 = \frac{q_1}{C_1} = \frac{5 \times 10^{-4}}{2 \times 10^{-6}} \text{ V} = 250 \text{ V}$$

$$U_2 = \frac{q_2}{C_2} = \frac{5 \times 10^{-4}}{10 \times 10^{-6}} \text{ V} = 50 \text{ V}$$

由于电容器 C_1 的额定工作电压是 160 V,而实际加在它上面的电压是 250 V,远大于它的额定工作电压,所以电容器 C_1 可能会击穿;当 C_1 击穿后,300 V 的电压将全部加在 C_2 上,这一电压也大于它的额定工作电压,因而也可能击穿。由此可见,这样使用是不安全的。

本题中,每个电容器允许充入的电荷量分别为

$$q_1 = (2 \times 10^{-6} \times 160) \text{C} = 3.2 \times 10^{-4} \text{C}$$

$$q_2 = (10 \times 10^{-6} \times 250) \text{C} = 2.5 \times 10^{-3} \text{C}$$

所以为了使 C_1 上的电荷量不超过 3.2×10^{-4} C,外加总电压应不超过

$$U = \frac{3.2 \times 10^{-4}}{1.67 \times 10^{-6}} \text{ V} \approx 192 \text{ V}$$

【友情提示】

电容量不等的电容器串联使用时,每个电容器上分配的电压与其电容成反比。

电容量不等的电容器串联使用时,应先计算,必须在安全可靠的情况下才能串联使用。

2)电容器并联及应用

(1)电容器并联电路的特点

将两个或两个以上的电容器的正极板连接在一起,负极板也连在一起的连接方式,称

为电容器的并联,如图 2.19 所示。

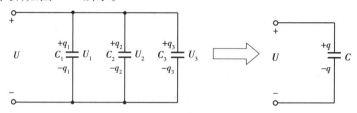

图 2.19　电容器的并联

【友情提示】

对于电解电容器,并联时应注意极性不能接错。

电容器并联电路的特点见表 2.10。

表 2.10　电容器并联电路的特点

项　目	特　点	公　式
电荷量关系	总电量等于每个电容器所带电量之和	$Q = Q_1 + Q_2 + Q_3 + \cdots + Q_n$
等效电容	总电容等于每个电容器的电容之和	$C = C_1 + C_2 + C_3 + \cdots + C_n$ 当 n 个容量均为 C_0 的电容器并联时,则总电容 $C = nC_0$
电压关系	每个电容器上电压相等,且为所连接电路的电源电压	$U = U_1 = U_2 = U_3 = \cdots U_n$

【友情提示】

电容器并联时,每只电容器的外加电压应不大于耐压。换言之,并联电容器组的耐压等于其中耐压最小的那一个电容器。若该电容器被击穿而短路,则整个电容器组的端电压为零。

在电容器并联电路中,电荷量的分配与电容器的容量成正比,即

$$Q_1 : Q_2 : Q_3 : \cdots : Q_n = C_1 : C_2 : C_3 : \cdots : C_n$$

电量分配公式为

$$Q_1 = \frac{C_1}{C_1 + C_2} Q, Q_2 = \frac{C_2}{C_1 + C_2} Q$$

(2)电容器并联的应用

电容器并联,相当于扩大了两个极板的正对面积(有效面积),所以,总容量将增大。当需要增大电容量时,可用几个适当的电容器并联来解决。

交流电路中,在负载两端并联电容器,可提高电路的功率因数,以减小在线路中产生的热损失和电压损失,提高电路的总体效率。

例 2.5 电容器 A 的电容为 10 μF,充电后电压为 30 V;电容器 B 的电容为 20 μF,充电后电压为 15 V。把它们并联在一起,其电压是多少?

解:电容器 A、B 连接前的电荷量分别为

$$q_1 = C_1 U_1 = (10 \times 10^{-6} \times 30)C = 3 \times 10^{-4}C$$

$$q_2 = C_2 U_2 = (20 \times 10^{-6} \times 15)C = 3 \times 10^{-4}C$$

它们的总电荷量为

$$q = q_1 + q_2 = 6 \times 10^{-4}C$$

并联后的总电容量为

$$C = C_1 + C_2 = 3 \times 10^{-5}\mu F$$

连接后的共同电压为

$$U = \frac{q}{C} = \frac{6 \times 10^{-4}}{3 \times 10^{-5}} V = 20 V$$

【经验分享】

电容器和电阻器串、并联电路对比

电容器的串、并联的特点与电阻器的串、并联的特点虽然对应,但是区别很大,宜对比记忆。

例如:串联电容器的总电压与串联电阻器两端的总电压的特性相同,等于各电容器(电阻器)端电压之和;串联电容器的等效电容与电阻并联电路的总电阻的计算公式非常相似,等于各电容器电容(电阻)的倒数之和。其他的特性请读者自己去比较。

记忆口诀
电容串联容减小,相当板距在加长,
各容倒数再求和,再求倒数总容量。
电容并联容增大,相当板面在增大,
并后容量很好求,各容数值来相加。
想起电阻串并联,电容计算正相反,
电容串联电阻并,电容并联电阻串。

3)电容器中的电场能

电容器的储能作用是通过充放电来实现的。电容器在外加电压作用下,极板上可存储一定的电荷,即存储了一定的能量。

电容器存储的能量大小与电容器两端的电压和电容量的大小有关。电容器能量是以电场能的方式存储的,其电场能为

$$W_C = \frac{1}{2}CU^2$$

式中 W_C——电容器能量,电位为焦[耳](J);

  C——电容量,单位为法[拉](F);

  U——加在电容器两端的电压,单位为伏[特](V)。

【思考与练习】

一、填空题

1.电容器串联后,电容大的电容器分配的电压____ (填"大"或"小")。

2.电容器并联相当于扩大了两个极板的正对面积(有效面积),其总容量将_____。

3.电容器串联相当于拉大了两个极板间的距离,其总容量会_____。

4.串联电容器总电容的倒数等于各电容器电容的倒数_____。

5.并联电容器的总电容等于各个电容器的电容_____。

二、选择题

1.两只电容量分别为 C_1 和 C_2 的电容器相串联,其串联后的等效电容量为(   )。

  A.C_1+C_2 B.$\dfrac{1}{C_1}+\dfrac{1}{C_2}$ C.$\dfrac{C_1 C_2}{C_1+C_2}$ D.以上都不是

2.电容器并联电路的特点有(   )。

  A.并联电路的等效电容量等于各个电容器的容量之和

  B.每个电容器两端的电流相等

  C.并联电路的总电量等于最大的电容器的电量

  D.电容器上的电压与电容量成正比

3.两个电容器 C_1 和 C_2 串联,电容器 C_1 分得的电压正确的是(   )。

  A.$U_1=\dfrac{C_1}{C_1+C_2}U$ B.$U_1=\dfrac{C_2}{C_1+C_2}U$ C.$U_1=\dfrac{C_1+C_2}{C_2}U$ D.$U_1=\dfrac{C_1+C_2}{C_1}U$

三、判断题

1.两个 $10\ \mu\text{F}$ 的电容器,额定工作电压分别为 $10\ \text{V}$、$20\ \text{V}$,则串联后总的额定工作电压为 $30\ \text{V}$。   (   )

2.若干电容器串联,电容量越小的电容器所带的电荷量也越少。   (   )

3.电容量不相等的电容器串联后接在电源上,每只电容器两端的电压与它本身的电容量成反比。   (   )

四、问答题

1.如果在并联电路中有一个电容器的耐压不够,会出现什么后果?

2.有两只电容器,一只电容量为 10 μF,耐压为 100 V,另一只电容量为 20 μF,耐压为 100 V,它们串联后能接在电压为 150 V 的电路中吗? 为什么?

2.2　电感器及其应用

电感器是电路的基本元件之一,它是由导线绕制而成的线圈,如图 2.20 所示。它在电路中常用来阻流、滤波、耦合、选频、振荡、延迟等。电感器在电路中的使用没有电阻器、电容器广泛,我们只需要了解即可。

图 2.20　电感器在电路中的应用示例

2.2.1　电感器简介

1)电感器的结构及电气符号

电感器是能够把电能转化为磁能而存储起来的元件。由于电感器就是由绝缘导线绕制而成的线圈,因此又称为电感线圈,简称电感。

电感器的结构类似于变压器,但只有一个绕组。在电感线圈外加不同的封装,就形成了大大小小、各种形状的电感器,如图 2.21 所示,有的是空心线圈,有的是带有铁芯的线圈,有的是环形线圈。

图 2.21　各种电感元件

电感器用字母 L 表示,图形符号如图 2.22 所示。

（a）空心电感　　　　　　（b）有心电感　　　　　　（c）可变电感

图 2.22　电感器的图形符号

2）电感器的主要参数

（1）电感量

电感量也称自感系数,是一个表示电感器产生自感应能力的物理量。电感量常用的单位有亨(H)、毫亨(mH)、微亨(μH)、纳亨(nH),它们之间的换算关系是

$$1\ H = 10^3\ mH;1\ mH = 10^3\ \mu H\ ;1\ \mu H = 10^3\ nH$$

电感量一般标注在电感器的外壳上,其标注方法有直接标注法、文字符号标注法和色标法,如图 2.23 所示。

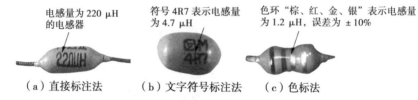

电感量为 220 μH　　　符号 4R7 表示电感量　　　色环"棕、红、金、银"表示电感量
的电感器　　　　　　为 4.7 μH　　　　　　为 1.2 μH, 误差为 ±10%

（a）直接标注法　　　（b）文字符号标注法　　　（c）色标法

图 2.23　电感量的标注方法

电感量的大小与线圈的匝数(圈数)、导线截面积、绕制方式、有无铁芯及铁芯的材料等因素有关,见表 2.11。电感量的大小与有无电流及电流大小无关。

表 2.11　影响电感量大小的因素

序　号	影响因素	说　明
1	线圈的匝数	线圈的匝数(俗称圈数)越多,电感量越大
2	绕制方式	绕制的线圈越密集,电感量就越大
3	导线横截面积	绕制线圈的绝缘导线越粗,电感量越大
4	有无铁芯	有铁芯的线圈比无铁芯的线圈电感量大
5	铁芯的材料	铁芯导磁率越大的线圈,电感量也越大

【友情提示】

电感量的大小只由线圈本身决定,与有无电流及电流大小无关。

(2)允许误差

电感上标称的电感量与实际电感量的允许误差称为允许偏差。

一般用于振荡或滤波等电路中的电感要求精度较高,允许偏差为±(0.2%~0.5%);而用于耦合、高频阻流等线圈的精度要求不高,允许偏差为±(10%~15%)。

(3)额定电流

电感在正常工作时允许通过的最大电流称为额定电流。若电感是工作电流超过额定电流时,电感器就会因发热而使性能参数发生改变,甚至还会因过流而烧毁电感器。

(4)品质因数

品质因数也称 Q 值,是衡量电感质量的主要参数。它是指电感器在某一频率的交流电压下工作时,所呈现的感抗与其等效损耗电阻之比。电感器的 Q 值越高,其损耗越小,效率越高。

(5)分布电容

电感线圈的匝与匝之间、线圈与铁芯之间存在的电容称为电感器的分布电容。电感的分布电容越小,其稳定性越好。

【思考与练习】

一、填空题

1.电感器和电容器都是_____元件。

2.线圈的电感量的大小只与线圈本身有关,而与_____及电流大小无关。

3.电感器的_____越高,其损耗越小,效率越高。

4.在 PCB 上,大写字母 L 表示的元件是_____。

二、选择题

1.下列与线圈的电感量无关的是(   )。

    A.匝数   B.尺寸   C.有无铁芯   D.外加电压

2.空心线圈被插入铁芯后(   )。

    A.L 将大大增强   B.L 将大大减弱   C.L 基本不变   D.不能确定

3.电感的单位是 H,1 H 等于(   )mH。

    A.10   B.100   C.1 000   D.10 000

三、判断题

1.电感器是一个储能元件,电感量的大小反映了它储存电能本领的强弱。 （　　）

2.同一个线圈,带铁芯时的电感比空心线圈的电感大得多。 （　　）

3.空心线圈的电感比铁芯线圈的电感大得多,且空心线圈的电感量为常数,不随线圈中电流的变化而变化。 （　　）

4.当线圈结构一定时,铁芯线圈的电感是一个常数。 （　　）

5.色环电感和色环电阻的识读方法是一样的。 （　　）

6.某电感器的电感量标注如图 2.24 所示,其含义是:电感量为 4.7 μH,偏差为±10%。 （　　）

7.如图 2.25 所示元件是电感器,其电感量为 560 pH。 （　　）

图 2.24   图 2.25

2.2.2　电感元件的性质及应用

1)感抗

简单来说,当线圈中有电流通过时,就会在线圈中形成感应电磁场,而感应电磁场又会在线圈中产生感应电流来阻碍通过线圈的电流。因此,我们把这种电流与线圈之间的相互作用称为感抗,也就是电路中的电感。感抗用符号 X_L 表示。

实验证明,感抗和电感成正比,和频率也成正比,即

$$X_L = 2\pi f L$$

式中　X_L——感抗,单位是欧[姆]（Ω）;

　　　L——电感,单位是亨[利]（H）;

　　　F——交流电频率,单位是赫[兹]（Hz）。

电感量越大,电感的感抗就越大;交流电的频率高,电流也难以通过线圈,电感的感抗作用大。

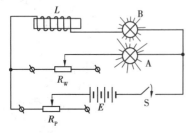

图 2.26　自感现象实验

电感具有"通直流,阻交流"或"通低频,阻高频"的特性,因而在交流电路中常应用电感器来旁通低频及直流电,阻止高频交流电。

2)自感

（1）自感现象

如图 2.26 所示,闭合开关 S 时,A 灯泡会立即正常发光,而 B 灯泡则慢慢变亮;断开开关时,A 灯泡几

乎立即熄灭,而 B 灯泡要经过一个短促的继续发光阶段才会熄灭,在断电瞬间,灯光甚至比原来更亮。

上述实验表明:在开关闭合时,线圈中慢慢增大的电流使线圈产生感应电动势,此感应电动势阻碍电感线圈回路中电流的增大;在开关断开时,线圈中逐渐减小的电流使线圈产生感应电动势,此感应电动势阻碍电感线圈回路中电流的减小。电感器是一个储能元件,它的端电压不能突变。

自感现象是一种特殊的电磁感应现象,它是由线圈本身电流变化而引起的。由自感产生的感应电动势,称为自感电动势。

（2）自感的应用

荧光灯就是利用电感器产生的自感电动势点亮灯管的例子。

图 2.27 所示为日光灯电路。电感器常常被称为镇流器。接通电源后,电源电压通过镇流器和日光灯的灯丝加到了启辉器的两端,使启辉器产生辉光放电,致使金属片受热形变并互相接触,整个电路就形成闭合回路,在电路中就有电流流过,日光灯的灯丝被电流加热而释放大量电子。同时,由于启辉器两端接通,辉光熄灭,金属片冷却并断开,把整个电路切断,于是在镇流器线圈中产生比电源电压高得多的自感电动势,使灯管内的气体电离而产生辉光放电,日光灯便发光了。

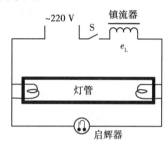

图 2.27　日光灯电路

另外,电感线圈具有扼制高频电流通过的性质,在无线电电路中用作高频扼流圈;自感线圈与电容器组合可以构成振荡电路或滤波电路。

（3）自感的危害及消除措施

有时自感现象是有害的。例如,当具有大电感线圈的电路断开时,产生的大的自感电动势会使电闸产生强烈电弧,危及设备和人员安全,必须设法避免。

消除自感的方法是尽量减少回路的自感磁链。例如,要绕制一个无感电阻时,可将选好的电阻丝对折后绕在支架中,如图 2.28(a)所示。电路接通时,并绕电阻丝中通过的电流大小相等,方向相反,产生的磁通互相抵消,因而大大减小了电感。

除此以外,也可设法使电阻丝绕在一个薄板上,以减小它的横截面积,从而减小电感,如图 2.28(b)所示。

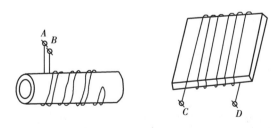

图 2.28　消除自感的措施

3）互感

一个线圈中的电流发生变化，使其他线圈产生感应电动势的现象称为互感现象。这个感应电动势称为互感电动势。

互感在电工电子技术中应用很广泛，通过互感线圈可以使能量或信号由一个线圈方便地传递到另一个线圈。利用互感现象的原理可制成变压器等器件。

4）电感线圈的磁场能量

①感抗不消耗电能。电流通过电感时，电流增大，电能转变成磁场能；电流减小，磁场能又转变成电能。所以，交流电通过纯电感时，电能并没有减少，而是在电能—磁场能或电能—电场能之间不停地转化。

②线圈把电能转变为磁场能，并以磁场能的形式储存能量。通过理论和实践证明：电感线圈的磁场能量与线圈所通过的电流的平方及线圈的电感成正比，即

$$W_L = \frac{1}{2}LI^2$$

式中　W_L——电感线圈的磁场能量，单位是焦［耳］（J）；

　　　L——电感，单位是亨［利］（H）；

　　　I——电流，单位是安［培］（A）。

5）电感器的质量判断

（1）直观观察

直接观察电感器的引脚是否断开，铁芯是否松动、绝缘材料是否破损或烧焦等。

（2）万用表检测

检测电感器质量需用专用的电感测试仪，在一般情况下，可用指针式万用表欧姆挡（$R\times1$ 或 $R\times10$ 挡）来判断。正常情况下，电感器的直流电阻很小（有一定阻值，但最多几欧［姆］）。若万用表读数偏大或为无穷大，则表示电感器损坏；若万用表读数为零，则表明电感器已短路。

【经验分享】

在测量电感量很小的线圈时，只要电阻挡测量线圈两端导通便是好的。

【思考与练习】

一、填空题

1.电感具有通_____阻_____或通_____阻_____的特性。

2.在电感器好坏判断中，常使用万用表的_____挡测量电感器的通断及电阻值大小来判断。

3.变压器是利用_____现象的原理制成的。

4.日光灯电路中,镇流器有两个作用:一是_____,启辉灯管;二是灯管启辉后起_____作用,使灯管正常稳定地工作。

二、选择题

1.自感现象是指线圈本身的(　　)。

A.体积发生改变而引起的现象,如多绕几圈

B.线径发生变化的现象,如用粗线代替细线

C.铁磁介质变化,如在空心线圈中加入铁磁介质

D.电流发生变化而引起电磁感应现象

2.当流过线圈中的电流发生变化时,线圈本身所引起的电磁感应现象称为(　　)现象。

A.互感　　　　　　B.自感　　　　　　C.电感　　　　　　D.以上都不对

3.在收音机等电子产品上,常常能看到几个只绕了几圈而且没有铁芯的线圈,它的作用是(　　)。

A.阻碍高频成分,让低频和直流成分通过

B.阻碍直流成分,让低频成分通过

C.阻碍低频成分,让直流成分通过

D.阻碍直流和低频成分,让高频成分通过

三、判断题

1.电感线圈对直流电流的阻力很大,通交流电时可认为短路。　　　　　　　　(　　)

2.由于流过线圈本身的电流发生变化而引起的电磁感应属于自感现象。　　　(　　)

3.一般情况下电感器用万用表 $R×1$ 挡测量,只要能测出电阻值,则可认为被测电感器是正常的。　　　　　　　　　　　　　　　　　　　　　　　　　　　　　　(　　)

4.当怀疑电感器内部有短路性故障时,用 $R×1$ 挡测一次,就能作出正确的判断。
　　　　　　　　　　　　　　　　　　　　　　　　　　　　　　　　　　　　(　　)

5.交流电的频率越高,电感的感抗作用就越大。　　　　　　　　　　　　　　(　　)

【本章小结】

1.电容器是一种储存电场能的元件,它由两块极板构成,两极板之间为绝缘介质。

2.电容量是电容器的一个工作参数,用于衡量电容器储存电荷本领的大小,用字母 C 表示。电容量的国际单位制单位为法[拉](F)。

3.电容器的主要参数有标称容量、允许偏差、额定电压。在电路中,电容器具有"隔直

流,通交流","阻低频,通高频"等特性。

4.电容器串联时,电容量减小,其等效电容量的倒数等于各分电容电容量倒数之和;电容器并联时,电容量增加,其等效电容量等于各分电容电容量之和。

5.电感器是一种储存磁场能的元件。在电路中,具有"通直流,阻交流","通低频,阻高频"等特性,用字母 L 表示电感器。

6.电感器主要参数:电感量、额定电流和品质因数。

7.电感器电感量 L,国际单位制单位为亨[利](H)。

8.自感现象是一种特殊的电磁感应现象,有利有弊。

9.一般使用万用表的欧姆挡对电容器、电感器的质量进行初步检测。

第3章 交流电路及其应用

交流电最基本的形式是正弦电流。单相正弦交流电路(即交流 220 V)普遍用于人们的日常生活和生产中,如照明和家庭用电。单相正弦交流电路往往是由三相交流电源分配过来的。

通过本章的学习,可以比较详细地了解正弦交流电路的基本概念和基本定律,以及简单正弦交流电路的分析和计算方法。

【学习目标】

- 掌握正弦交流电的三要素和表示方法。
- 理解单一参数的正弦交流电路中电压与电流的关系。
- 了解三相交流电的实际应用,理解相序的意义。
- 了解节约用电的常用方式及方法。
- 了解用电保护常识,防止触电事故。

3.1 单相正弦交流电路及其应用

3.1.1 交流电的基本术语

1)交流电的基本概念

(1)交流电

交流电是大小和方向都随时间按一定规律作周期性变化的电压、电流和电动势的统称。直流电流总是由电源正极流出,再流回到负极,电路中电流的大小和方向是不变的,其波形如图 3.1(a)所示;而交流电没有固定的正负极,电流是由电源两端交替流出的,其波形如图 3.1(b)、(c)、(d)所示。

(2)正弦交流电

正弦交流电是指大小和方向都随时间按正弦规律作周期性变化的交流电,如图 3.1

（d）所示。电路中,只有一相的正弦交流电称为单相正弦交流电。

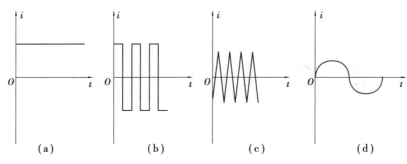

图 3.1　常见的电流波形

正弦交流电是由交流发电机产生的,简易的发电机由一对能够产生磁场的磁极(定子)和能够产生感应电动势的线圈(转子)组成,结构如图 3.2 所示。

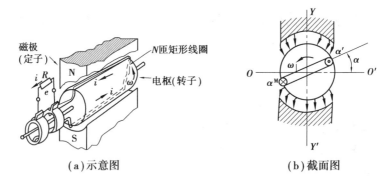

（a）示意图　　　　　　　　（b）截面图

图 3.2　交流发电机的结构

磁场按正弦规律分布,当转子以角速度 ω 逆时针旋转时,由于电磁感应现象会在 N 匝矩形线圈中感应出电动势。如果存在闭合回路,那么,外电路中也会产生相应的正弦电压与正弦电流。感应电动势、感应电压和感应电流都是按正弦规律变化的。

2）正弦交流电的基本要素

（1）表示大小的要素

表示正弦交流电大小的要素有最大值、有效值、瞬时值。

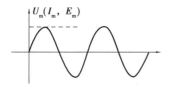

图 3.3　正弦交流电的最大值

● 最大值:交流电在一个周期内所能达到的最大值,即正弦波形的最高点,如图 3.3 所示。用大写字母加小写下标 m 表示为 U_m,I_m,E_m。

● 有效值:让交流电和直流电通过同一电阻,若在相同时间内产生的热量相等,则把这一直流电的数值称作交流电的有效值,用大写字母 U、I、E 表示。经推导得,交流电的有效值与最大值的关系为

$$U_m = \sqrt{2}U, I_m = \sqrt{2}I, E_m = \sqrt{2}E$$

我国照明电路的电压为 220 V,其最大值是 311 V,因此,接入 220 V 交流电路的电容

器的耐压必须大于等于 311 V。

交流电的有效值在实际工作中应用非常广泛。一般仪器、变压器、家用电器和灯具上所标的电压、电流都是有效值。用交流电表测量的电流、电压也是有效值。

● 瞬时值：交流电任一瞬间的值，用小写字母 u,i,e 表示。

$$u = U_m \sin(\omega t + \varphi_0), i = I_m \sin(\omega t + \varphi_0), e = E_m \sin(\omega t + \varphi_0)$$

例 3.1 某电容器的耐压为 220 V，问该电容器能否直接接在 $e = 220\sqrt{2}\sin(314t + \varphi_0)$ V 的正弦交流电源上？

解：电容器的耐压即为电容器能承受的最高电压，由题意知正弦交流电源电压 e 的最大值为

$$E_m = 220\sqrt{2}\ \text{V} \approx 311\ \text{V}$$

$$E_m > 220\ \text{V}$$

由于该正弦交流电源电压的最大值超过了电容器的耐压，电容器将会击穿，故不能直接接在这个交流电源上。

（2）表示变化快慢的要素

表示正弦交流电变化快慢的要素有周期、频率、角频率。

● 周期：交流电完成一次周期性变化所需的时间，用 T 表示，单位是秒（s）。

● 频率：交变电在一秒钟内完成周期性变化的次数，用 f 表示，单位是赫［兹］（Hz）。我国交流电的频率是 50 Hz，美国、日本、加拿大等国家的交流电频率为 60 Hz。

周期和频率的关系为

$$T = \frac{1}{f}\ \text{或}\ f = \frac{1}{T}$$

● 角频率：交流电每秒内变化的弧度数（角度），用 ω 表示，单位是弧度/秒（rad/s）。

角频率与周期的关系为

$$\omega = \frac{2\pi}{T}$$

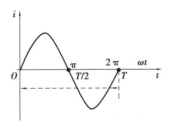

如图 3.4 所示。因此，角频率与频率的关系为

$$\omega = 2\pi f$$

图 3.4 角频率与周期的关系

例 3.2 已知一交流电的频率为 50 Hz，则该交流电的周期和角频率各为多少？

解：$T = \dfrac{1}{f} = \dfrac{1}{50\ \text{Hz}} = 0.02\ \text{s} = 20\ \text{ms}$

$\omega = 2\pi f = 2 \times 3.14 \times 50\ \text{rad/s} = 314\ \text{rad/s}$

【友情提示】

我国电网中的交流电频率为 50 Hz，周期为 0.02 s，角弧度为 100π rad/s。

（3）表示位置的要素

表示正弦交流电位置的要素有相位、初相位、相位差。

• 相位：交流电随时间变化的电角度，是关于时间 t 的函数，反映了正弦量随时间变化的整个过程。

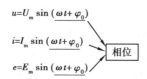

• 初相位：正弦量随时间而不断变化，选取不同的计时零点，正弦量的初始值就不同。初相位是表示正弦量在 $t=0$ 时的相位，即正弦量计时开始的位置 φ_0，如图 3.5 所示。规定初相位不得超过 $\pm 180°$。

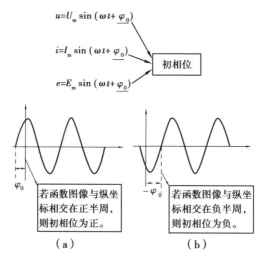

图 3.5 交流电初相位

• 相位差：两个同频率的正弦量之间的相位之差，用 $\Delta\varphi$ 表示，数值上等于初相位之差。

对于两个同频率的交流电，相位差存在 4 种情况，即同相、反相、超前（或者滞后）、正交。

例 3.3 已知 $u=U_m\sin(\omega t+\varphi_u)$，$i=I_m\sin(\omega t+\varphi_i)$，求电压和电流的相位差。

解：$\Delta\varphi=(\omega t+\varphi_u)-(\omega t+\varphi_i)=\varphi_u-\varphi_i$

如图 3.6 所示，当 $\Delta\varphi>0$ 时，电压超前电流[图 3.6（a）]；

当 $\Delta\varphi<0$ 时，电压落后电流；

当 $\Delta\varphi=0$ 时，电压和电流同相[图 3.6（b）]；

当 $\Delta\varphi=\pm 180°$时，电压和电流反相[图 3.6（c）]；

当 $\Delta\varphi=\pm 90°$时，电压和电流正交[图 3.6（d）]；

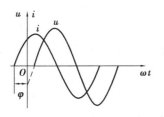

（a）电压落后电流

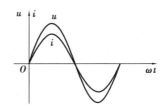

（b）电压与电流同相

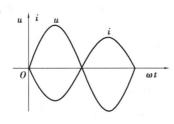

（c）电压与电流反相

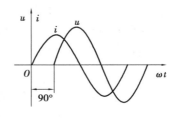

（d）电压和电流正交

图3.6 电压与电流的相位差

【经验分享】

最大值（有效值）、频率（周期）和初相位3个物理量，称为交流电的3个基本要素，简称交流电三要素。

记忆口诀

瞬时有效最大值，交流大小占位置；

频率周期携角频，变化快慢它最行；

初相矗立相位中，指引方向向前冲；

最大（值）频率和初相，三人结拜才相交；

共同构成三要素，交流电中要记住。

3）交流电的表示方法

常用的交流电表示方法有解析式表示法、波形图表示法，每一种表示方法都能反映正弦交流电的三要素。

（1）解析式表示法

交流电的物理量中，电压、电流和电动势的瞬时值表达式就是交流电的解析式。即

$$u = U_m \sin(\omega t + \varphi_0)$$
$$i = I_m \sin(\omega t + \varphi_0)$$
$$e = E_m \sin(\omega t + \varphi_0)$$

式中 U_m, I_m, E_m——交流电的电压、电流、电动势最大值；

ω——交流电的角频率；

φ_0——交流电的初相位。

我们只要知道交流电三要素的值，就可以按照下式写出其解析式，并算出交流电任意时刻的瞬时值。

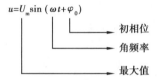

例3.4 已知某正弦交流电压的最大值为311 V，频率$f = 50$ Hz，初相位$\varphi_0 = 30°$。写出它的解析式，并求出$t = 0.01$ s时的电压瞬时值。

解：因为$f = 50$ Hz

故

$$\omega = 2\pi f = 100\pi$$
$$u = U_m \sin(\omega t + \varphi_0) \text{ V} = 311 \sin(100\pi t + 30°) \text{ V}$$

当$t = 0.01$ s时

$$u = 311 \sin(100\pi \times 0.01 + 30°) \text{ V} = 311 \sin 210° \text{ V} = -155.5 \text{ V}$$

例3.5 已知正弦交流电流$i_1 = 311 \sin(100\pi t + 45°)$ A，$i_2 = 311 \sin(100\pi t - 45°)$ A。请分别写出两电流的有效值、最大值、角频率、频率、周期、初相位和相位差。

解：由题意可知，两者的最大值相等、角频率相同，故两者的有效值、频率和周期也应相等，可以直接根据交流电三要素之间的关系式求解各物理量，即

最大值：$I_{1m} = I_{2m} = 311$ A

有效值：$I_1 = I_2 = \dfrac{311}{\sqrt{2}}$ A ≈ 220 A

角频率：$\omega_1 = \omega_2 = 100\pi$ rad/s

频率：$f_1 = f_2 = \dfrac{\omega}{2\pi} = 50$ Hz

周期：$T_1 = T_2 = \dfrac{1}{f} = 0.02$ s

初相位：$\varphi_1 = 45°$，$\varphi_2 = -45°$

相位差：$\Delta\varphi = \varphi_1 - \varphi_2 = 90°$

（2）波形图表示法

根据交流电的三要素可知，正弦交流电可用一个周期的正弦函数图像表示，一般采取"五点"法进行绘制。5个点分别是相位$(\omega t + \varphi_0)$等于0、$\pi/2$、π、$3\pi/2$和2π时对应的交流电的值。

例3.6 已知一正弦交流电压$u = 311 \sin\left(\omega t + \dfrac{\pi}{2}\right)$ V，试画出其正弦交流电波形图。

解：令相位$\left(\omega t + \dfrac{\pi}{2}\right) = 0$时，$\omega t = -\dfrac{\pi}{2}$，$u = 0$ V；故第1个点$\left(\dfrac{-\pi}{2}, 0\right)$

令相位 $\left(\omega t+\dfrac{\pi}{2}\right)=\dfrac{\pi}{2}$ 时, $\omega t=0$, $u=311$ V;故第 2 个点(0,311)

令相位 $\left(\omega t+\dfrac{\pi}{2}\right)=\pi$ 时, $\omega t=\dfrac{\pi}{2}$, $u=0$ V;故第 3 个点 $\left(\dfrac{\pi}{2},0\right)$

令相位 $\left(\omega t+\dfrac{\pi}{2}\right)=\dfrac{3\pi}{2}$ 时, $\omega t=\pi$, $u=-311$ V;故第 4 个点 $(\pi,-311)$

令相位 $\left(\omega t+\dfrac{\pi}{2}\right)=2\pi$ 时, $\omega t=\dfrac{3\pi}{2}$, $u=0$ V;故第 5 个点 $\left(\dfrac{3\pi}{2},0\right)$

根据上述分析,画出该正弦交流电压的波形图,如图 3.7 所示。

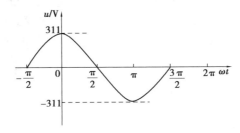

图 3.7　例 3.6 的波形图

3.1.2　单一参数的正弦交流电路

1)纯电阻电路

只含有电阻元件的交流电路称为纯电阻电路,如图 3.8 所示。在纯电阻电路中,电感、电容对电路的影响可以忽略不计。

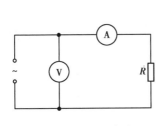

图 3.8　纯电阻电路

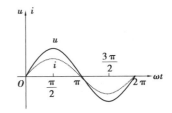

图 3.9　纯电阻电路的波形图

(1)电流与电压的数量关系

在纯电阻电路中,电流、电压的瞬时值、有效值和最大值在数值上均满足欧姆定律。设在纯电阻电路中,加在电阻 R 上的交流电压 $u=U_m\sin \omega t$,则

瞬时值: $i=\dfrac{u}{R}=\dfrac{U_m\sin \omega t}{R}=I_m\sin \omega t$

最大值: $I_m=\dfrac{U_m}{R}$

有效值：$I = \dfrac{I_m}{\sqrt{2}} = \dfrac{U_m}{\sqrt{2}R} = \dfrac{U}{R}$

（2）电流与电压的相位关系

在纯电阻电路中，电流与电压同频同相，纯电阻电路的波形图如图3.9所示。

$$u = U_m \sin(\omega t + \varphi_0) = I_m R \sin(\omega t + \varphi_0)$$

$$i = \dfrac{u}{R} = I_m \sin(\omega t + \varphi_0)$$

（3）纯电阻电路的功率

电阻是一种耗能元件。由于瞬时功率是随时间变化的，测量和计算都不方便，所以在实际工作中常用平均功率来表示，瞬时功率在一个周期内的平均值称为平均功率，也称为有功功率。平时我们所说的40 W灯泡、30 W电烙铁等都是指其有功功率。有功功率用 P 表示。

$$P = U_R I = I^2 R = \dfrac{U_R^2}{R}$$

式中　U——电阻 R 两端的电压有效值，单位是伏［特］（V）；

　　　I——流过电阻 R 的电流有效值，单位是安［培］（A）；

　　　P——电阻 R 消耗的有功功率，单位是瓦［特］（W）。

【记一记】

①纯电阻交流电路中的电流和电压，相位、频率相同。

②电流和电压在数值关系上，最大值、有效值和瞬时值均满足欧姆定律。

③电阻是耗能元件，电阻的平均功率（有功功率）等于电流有效值与电阻两端电压有效值的乘积。

例3.7　在纯电阻电路中，已知电阻 $R = 44\ \Omega$，交流电压 $u = 311 \sin(314t + 30°)$ V，求通过该电阻的电流有效值，并写出电流的解析式。

解：在纯电阻电路中，电流的有效值满足欧姆定律，即 $I = \dfrac{U}{R}$

$$I = \dfrac{U}{R} = \dfrac{U_m}{\sqrt{2}R} = 5\ \text{A}$$

$$i = \dfrac{u}{R} = I_m \sin(\omega t + \varphi_0) = 5\sqrt{2} \sin(314t + 30°)\ \text{A}$$

2）纯电感电路

只含有电感元件的电路称为纯电感电路，如图3.10所示。在纯电感电路中，电感线圈的电阻和分布电容小到可以忽略不计。

（1）电感对电流的阻碍作用

在纯电感电路中，当正弦交流电通过电感线圈时，将产生感抗阻碍原交流电的变化。

感抗 X_L 的大小为

$$X_L = \omega L = 2\pi f L$$

对于直流电流而言,因其频率 $f = 0$,则感抗 $X_L = 0$,对直流电无阻碍作用,故电感线圈对直流电相当于短路状态。对于交流电流,频率越高,感抗越大,对交流电的阻碍作用就越大。

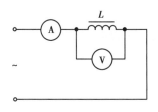

图 3.10　纯电感电路

【友情提示】

电感线圈具有"通直流,阻交流""通低频,阻高频"的作用。

（2）电流与电压的数量关系

在纯电感电路中,电流、电压的有效值和最大值在数值上满足欧姆定律,瞬时值不满足欧姆定律,即

$$I = \frac{U}{X_L}$$

$$I_m = \frac{U_m}{X_L} \qquad \left(i \neq \frac{u}{X_L} \right)$$

（3）电流与电压的相位关系

在纯电感电路中,电流和电压频率相同,但由于在电感线圈中电流不能发生突变,所以电流的变化总是滞后于电压的变化。实验表明,纯电感电路中,电流总是滞后电压 $\frac{\pi}{2}$,或者是电压超前电流 $\frac{\pi}{2}$,即

$$u = U_m \sin \omega t$$

$$i = I_m \left(\sin \omega t - \frac{\pi}{2} \right)$$

纯电感电路的波形图如图 3.11 所示。

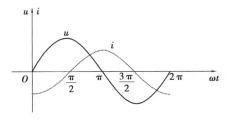

图 3.11　纯电感电路的波形图

（4）纯电感电路的功率

电感是储能元件,它不消耗电能,但它与电源之间的能量交换始终在进行。为反映出纯电感电路中能量的相互转换,把单位时间内能量转换的最大值（即瞬时功率的最大

值),称为无功功率,用符号 Q_L 表示,单位为乏(var),其大小在数值上等于电压的有效值 U_L 和电流的有效值 I 之积,即

$$Q_L = U_L I$$

或

$$Q_L = I^2 X_L = \frac{U_L^2}{X_L}$$

必须指出,无功功率中"无功"的含义是"交换"而不是"消耗",它是相对于"有功"而言的,绝不可把"无功"理解为"无用"。无功功率实质上是表明电路中能量交换的最大速率。

无功功率在工农业生产中占有很重要的地位,具有电感性质的变压器、电动机等设备都是靠电磁转换工作的。因此,如果没有无功功率,即没有电源和磁场间的能量转换,这些设备就无法工作。

【记一记】

①在纯电感的交流电路中,电流和电压同频不同相,电压超前电流 $\frac{\pi}{2}$。

②电流、电压最大值和有效值之间都满足欧姆定律,而瞬时值不满足欧姆定律。

③电感是储能元件,它不消耗电能,其有功功率为零,无功功率等于电压有效值与电流有效值的乘积。

例 3.8 某纯电感电路中,已知电感的电感量为 0.08 H,外加电压 $u = 50\sqrt{2}\sin\left(314t+\frac{\pi}{3}\right)$ V。试求:(1)感抗 X_L;(2)电感中的电流 I_L;(3)电流瞬时值 i_L。

解: 在纯电感电路中,电流的有效值满足欧姆定律,即 $I = \frac{U}{X_L}$,只要求出电感的感抗便能计算出电流的有效值;对于其瞬时值,由于不满足欧姆定律,故只能根据解析式表示法进行表示,但必须注意电流的相位要滞后于电压 $\pi/2$。

(1) $X_L = \omega L = 314 \text{ rad/s} \times 0.08 \text{ H} \approx 25 \ \Omega$

(2) $I_L = \frac{U_L}{X_L} = \frac{50 \text{ V}}{25 \ \Omega} = 2 \text{ A}$

(3) $i_L = 2\sqrt{2}\sin\left(314t+\frac{\pi}{3}-\frac{\pi}{2}\right) \text{ A} = 2\sqrt{2}\sin\left(314t-\frac{\pi}{6}\right) \text{ A}$

3)纯电容电路

只含有电容元件的电路称为纯电容电路,如图 3.12 所示。在纯电容电路上,电容器的漏电阻和分布电感小到可以忽略不计。

(1)电容器对电流的阻碍作用

在纯电容电路中,由于电容器两端的电压不能突变,故电容器对电流有一定的阻碍作

用,这种电容器对电流的阻碍作用称为容抗,用 X_C 表示,单位名称是欧[姆](Ω)。其大小为

$$X_C = \frac{1}{\omega C} = \frac{1}{2\pi f C}$$

对于直流电流而言,因其频率 $f = 0$,则容抗 $X_C = \infty$,直流电流无法通过电容器,故电容器对直流电流相当于开路状态。对于交流电流,频率越小,容抗越大,对交流电的阻碍作用就越大。

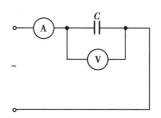

图3.12 纯电容电路

【友情提示】

电容器具有"通交流,隔直流""通高频,阻低频"的作用。

(2)电流与电压的数量关系

在纯电容电路中,电流、电压的有效值和最大值在数值上满足欧姆定律,瞬时值不满足欧姆定律,即

$$I = \frac{U}{X_C}$$

$$I_m = \frac{U_m}{X_C} \qquad \left(i \neq \frac{u}{X_C}\right)$$

(3)电流与电压的相位关系

在纯电容电路中,电流和电压频率相同,但由于在电容器中电压不能发生突变,所以电压的变化总是滞后于电流的变化。实验表明,纯电容电路中,电压总是滞后于电流 $\frac{\pi}{2}$;或者是电流超前于电压 $\frac{\pi}{2}$。纯电容电路中电流与电压的波形图如图3.13 所示。

$$u = U_m \sin \omega t$$

$$i = I_m\left(\sin \omega t + \frac{\pi}{2}\right)$$

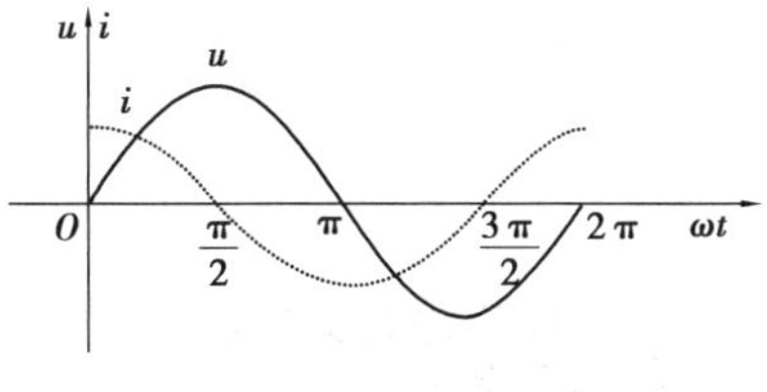

图3.13 纯电容电路的波形图

(4)纯电容电路的功率

电容器同电感线圈一样属于储能元件,不消耗电能,但在储能与释放能量的过程中要占用无功功率。该无功功率用 Q_C 表示,单位为乏(var),其大小在数值上等于电压的有效

值 U_C 和电流的有效值 I 之积。

$$Q_C = U_C I$$

或

$$Q_C = I^2 X_C = \frac{U_C^2}{X_C}$$

【记一记】

①在纯电容电路中,电流和电压频率相同、相位不同,电流超前于电压 $\frac{\pi}{2}$。

②电流和电压在数值关系上,只有最大值、有效值满足欧姆定律,而瞬时值不满足欧姆定律。

③电容是储能元件,它不消耗电功率,电路的有功功率为零。无功功率等于电容电压有效值与电流有效值之积。

例3.9 已知某电容 $C = 127\ \mu\text{F}$,外加正弦交流电压 $u_C = 20\sqrt{2}\ \sin\left(314t + \frac{\pi}{9}\right)$ V。试求:(1)容抗 X_C;(2)电流大小 I_C;(3)电流瞬时值;(4)电路的无功功率。

解: 在纯电容电路中,电流的有效值满足欧姆定律,即 $I = \frac{U}{X_C}$,因此求出电容的容抗便能计算出电流的有效值;对于其瞬时值,由于不满足欧姆定律,故只能根据解析式表示法进行表示,但必须注意电流的相位要超前于电压 $\pi/2$,所以有

(1) $X_C = \frac{1}{\omega C} = 25\ \Omega$

(2) $I_C = \frac{U}{X_C} = \frac{20\ \text{V}}{25\ \Omega} = 0.8\ \text{A}$

(3) $i_C = 0.8\sqrt{2}\sin(314t + 110°)$ A(电流超前于电压 $\frac{\pi}{2}$)

(4) $Q_C = U_C I = 16$ var

【阅读窗】

插座的有关知识

插座插孔的分类和极性如图3.14所示。双孔插座水平安装时,左孔为零线,右孔为火线;竖直排列时,下孔为零线,上孔为火线。三孔插座左孔为零线,右孔为火线,上孔为地线。三相四孔插座,下面3个较小的孔分别接三相电源的相线,上面较大的孔接保护地线。

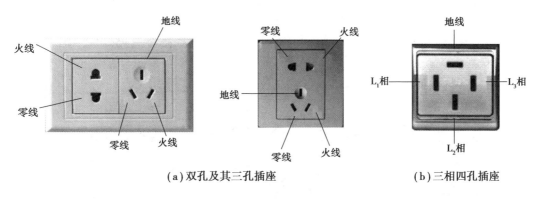

（a）双孔及其三孔插座　　　　　　　　（b）三相四孔插座

图 3.14 插孔插座的极性

【思考与练习】

一、填空题

1.在正弦交流电路中，我们把_____、_____和_____ 3 个物理量称为正弦交流电的三要素。

2.我国生产和生活用交流电的周期 $T=$_____ s，频率 $f=$_____ Hz。

3.万用表测得的交流电的电压值和电流值都是交流电的_____。

4.对于频率相同的两个交流电的相位差其实就是它们的_____之差。

5.在纯电感和纯电容电路中，只有_____和_____满足欧姆定律，_____不满足欧姆定律。

6.在纯电阻电路中，电压与电流的相位关系是_____。在纯电感电路中，电压和电流的相位关系是_____。在纯电容电路中，电压和电流的相位关系是_____。

二、选择题

1.白炽灯上标注的"40 W/220 V"，指的是电压的(　　　)。

A.最大值　　　　　　　B.有效值　　　　　　　C.平均值　　　　　　　D.瞬时值

2.两个同频率的正弦交流电压，u_1，u_2 分别为 5 V 和 12 V，它们的总电压为 17 V，则两交流电压的相位差是(　　　)。

A.0°　　　　　　　B.90°　　　　　　　C.180°　　　　　　　D.270°

3.如图 3.15 所示，下列结论正确的是(　　　)。

A.i 比 u 超前 $\dfrac{\pi}{6}$ 　　　　　　　　　　　B.i 比 u 滞后 $\dfrac{\pi}{6}$

C.i 比 u 超前 $\dfrac{\pi}{3}$ 　　　　　　　　　　　D.i 比 u 滞后 $\dfrac{\pi}{3}$

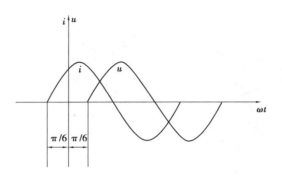

图 3.15

4.在感抗 $X_L = 100\ \Omega$ 的纯电感电路两端加上 $u = 220\sqrt{2}\sin\left(\omega t + \dfrac{\pi}{6}\right)$ V 的交流电压后,通过该电感线圈的电流为(　　)A。

　A.$i = 2.2\ \sin\left(\omega t - \dfrac{\pi}{3}\right)$　　　　　　　　　B.$i = 3.1\ \sin\left(\omega t - \dfrac{\pi}{3}\right)$

　C.$i = 2.2\ \sin\left(\omega t - \dfrac{\pi}{6}\right)$　　　　　　　　　D.$i = 3.1\ \sin\left(\omega t - \dfrac{\pi}{6}\right)$

三、作图题

在同一坐标系中,作出 $i_1 = \sin\left(\omega + \dfrac{\pi}{3}\right)$ A 和 $i_2 = 2\ \sin\left(\omega - \dfrac{\pi}{6}\right)$ A 的波形图。

四、计算题

1.已知 $i = 100\ \sin\left(314t - \dfrac{\pi}{4}\right)$ mA,请求出它的周期、有效值及初相位。

2.一个 $1\,000\ \Omega$ 的纯电阻负载接到 $u = 311\ \sin\left(314t + \dfrac{\pi}{6}\right)$ V 的电源上,求负载中电路的瞬时值表达式。

3.已知交流接触器的线圈电阻为 200 Ω,电感量为 7.3 H,接到工频电压 220 V 的电源上。求线圈中的电流 I 为多少? 如果误将此接触器接到 $U = 220$ V 的直流电源上,线圈中的电流又为多少? 如果此线圈允许通过的电流为 0.1 A,将产生什么后果?

3.2 三相交流电路

3.2.1 三相供电电路

1)三相交流电动势的产生

三相交流电动势是由三相交流发电机产生的,它由 3 个单相交流电源按照一定方式进行组合,这 3 个单相交流电源的频率相同、大小相等、相位彼此相差 $\dfrac{2\pi}{3}$。

图 3.16 所示为三相交流发电机的示意图,发电机定子铁芯槽中分别嵌入了 3 组几何尺寸、线径和匝数都相同的绕组 U_1—U_2,V_1—V_2,W_1—W_2,它们的首端(U_1、V_1、W_1)在空间位置上彼此相差 $\dfrac{2\pi}{3}$,它们的尾端(U_2、V_2、W_2)在空间位置上也彼此相差 $\dfrac{2\pi}{3}$。因此,它们各自产生的电动势在相位上也彼此相差 120°,若以第一相电动势 e_1 为准,则有

$$\begin{cases} e_1 = E_{\mathrm{m}} \sin \omega t \\ e_2 = E_{\mathrm{m}} \sin\left(\omega t - \dfrac{2}{3}\pi\right) \\ e_3 = E_{\mathrm{m}} \sin\left(\omega t + \dfrac{2}{3}\pi\right) \end{cases}$$

上述振幅相等、频率相同、相位彼此相差 $\dfrac{2\pi}{3}$ 的三相电动势称为对称三相电动势。它们的波形图如图 3.17 所示。

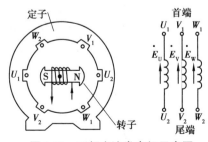

图 3.16 三相交流发电机示意图

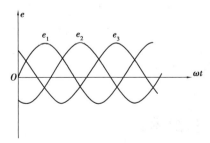

图 3.17 对称三相电动势的波形图

3 个电动势达到最大值的先后次序称为相序。上述 3 个电动势的相序是第一相（U 相）→第二相（V 相）→第三相（W 相），这种 U—V—W—U 的顺序称为正相序；若相序为 U—W—V—U 则称为负相序。

【友情提示】

相序是一个十分重要的概念，为使电力系统能够安全可靠地运行，通常统一规定技术标准，一般在配电盘上用黄色标出 U 相，用绿色标出 V 相，用红色标出 W 相。

2）三相电源的连接

三相电源一般采用星形连接方式（用符号"Y"表示），即将三相绕组的尾端连接在一个公共点上，并用一根导线 N 引出，3 个绕组的首端分别用导线 L_1、L_2、L_3 引出与负载相连。图 3.18 所示为三相电源的星形连接图。

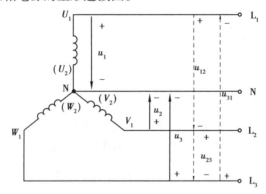

图 3.18 三相电源的星形连接

图 3.18 中，L_1、L_2、L_3 被称为相线，俗称火线；三绕组尾端连接的点 N 被称为中性点或零点，从该点引出的导线 N 被称为中性线，俗称零线。像这种用 3 根相线和 1 根中性线同时组成的输电方式称为三相四线制（通常在低压配电中采用）；如果只用 3 根相线组成输电方式，则称为三相三线制（通常在高压输电工程中采用）。

3）相电压和线电压的关系

三相四线制供电系统可输送两种电压，即相电压与线电压。

- 相电压：相线和中性线之间的电压，分别用 U_1、U_2 和 U_3 来表示其有效值。
- 线电压：相线与相线之间的电压，分别用 U_{12}、U_{23} 和 U_{31} 来表示其有效值。

对于三相对称电源，线电压一般用 U_1 表示，相电压用 U_P 表示，即 $U_1 = \sqrt{3} U_P$。在相位上，线电压 U_1 超前对应的相电压 $U_P \dfrac{\pi}{6}$。

【友情提示】

生活中通常所说的 380 V 和 220 V 电压，是指电源星形连接时的线电压和相电压的有效值。

3.2.2　三相负载电路

三相负载电路的连接一般有星形连接和三角形连接两种方式。在三相四线制中,线电压是 380 V,相电压是 220 V。负载如何连接,要根据其额定电压的大小而定。

1) 负载的星形连接

如图 3.19 所示,将三相负载的首端分别接在 3 根相线上,尾端共同接在中性线上,这种连接方式就是三相负载的星形连接,用符号"Y"表示,图中,Z_1,Z_2,Z_3 为负载。

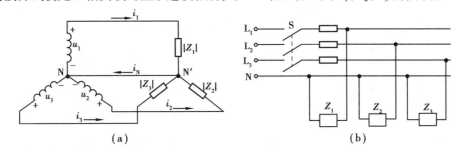

图 3.19　三相负载星形连接

(1)线电压与相电压的关系

三相负载星形连接时,负载上获得的电压是电源相线与中性线之间的电压,即相电压。因此,电源的线电压是负载相电压的 $\sqrt{3}$ 倍,即

$$U_1 = \sqrt{3} U_{\mathrm{YP}}$$

在相位上,线电压超前相电压 $\dfrac{\pi}{6}$。

(2)线电流与相电流的关系

通过每一相负载的电流称为相电流,一般用 I_{YP} 表示;通过每一根相线的电流称为线电流,一般用 I_{Yl} 表示。在三相四线制交流电路中,因为中性线的存在,所以每一相就是一个独立的交流电路,则流过相线的电流也会直接流过对应的每一相负载,使得线电流与相电流相等,即

$$I_{\mathrm{Yl}} = I_{\mathrm{YP}}$$

在三相负载对称的情况下,

$$I_1 = I_2 = I_3 = I_{\mathrm{YP}} = \frac{U_{\mathrm{YP}}}{Z_{\mathrm{P}}}$$

三相对称负载星形连接时,各相电流大小相等,相位彼此相差 $\dfrac{2\pi}{3}$,此时中性线上没有电流,去掉中性线不会影响三相电路的正常工作,因此也可采用"三相三线制"电路供电,如常用的三相对称负载三相电动机、三相电阻炉和三相变压器等,如图 3.20 所示。

(3)中性线的作用

在很多情况下,三相交流电路是不对称的,如常见的照明电路就是典型的不对称星形

负载。如图 3.21 所示，为了分析方便，设定负载为阻性负载，U 相线路没有工作，由于故障，中性线断开，R_V 和 R_W 成为串联关系，L_2、L_3 之间的电压为线电压 380 V。设 $R_V = 10\ \Omega$，$R_W = 20\ \Omega$，则 L_2、L_3 两相上的电压分别为

$$U_{L_2} = \frac{R_V}{R_V + R_W} U_L = \frac{10\ \Omega}{10\ \Omega + 20\ \Omega} \times 380\ \text{V} \approx 127\ \text{V}$$

$$U_{L_3} = \frac{R_W}{R_V + R_W} U_L = \frac{20\ \Omega}{10\ \Omega + 20\ \Omega} \times 380\ \text{V} \approx 253\ \text{V}$$

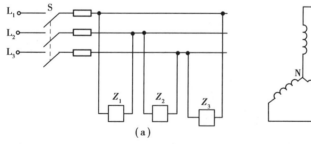

图 3.20　三相三线制供电　　　　图 3.21　不对称星形负载

由此可见，L_2 相上的电压低于 220 V 额定电压，不能正常工作。L_2 相上的电压高于 220 V 额定电压，则造成过电压损坏。

所以，对于不对称星形负载的三相电路，必须采用带中性线的三相四线制供电。即使某一相发生故障，也可保证其他两相正常工作。

因此，中性线对于电路的正常工作及安全非常重要。在三相四线制中规定：

①中性线上不允许安装开关和熔断器，以防止断路。

②通常把中性线接地，与大地等电位，以保障安全。

理论和实践证明：三相负载越接近对称，中性线电流就越小。所以，在安装照明电路时，应尽量使各相负载平衡，以减小中性线电流。

2）负载的三角形连接

如图 3.22 所示，将三相负载分别接到三相交流电源的两根相线之间，此时三相负载的相与相之间首尾相连，这种连接方法称为三相负载的三角形连接，用符号"△"表示。

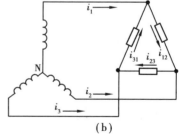

图 3.22　三相负载三角形连接

（1）线电压与相电压的关系

三相负载三角形连接时，负载上获得的电压是电源相线与相线之间的电压，即为线电

压。因此,电源的线电压和负载的相电压相等,即

$$U_1 = U_{\Delta P}$$

(2)线电流与相电流的关系

应用基尔霍夫第一定律可以求出线电流与各相电流之间的关系为

$$i_1 = i_{12} - i_{31}$$
$$i_2 = i_{23} - i_{12}$$
$$i_3 = i_{31} - i_{23}$$

因此,三相负载作三角形连接时,线电流是相电流的$\sqrt{3}$倍,即

$$I_{\Delta l} = \sqrt{3}\,I_{\Delta P}$$

在相位上,线电流滞后于对应的相电流$\dfrac{\pi}{6}$。

【友情提示】

在同一个对称三相电源的作用下,对称负载作三角形连接时的线电流是负载作星形连接时的线电流的3倍。因此,为了减小大功率三相电动机的启动电流,常采用Y-△降压启动的方法来解决。

3) 三相负载的功率

(1)有功功率

在三相交流电路中,三相负载总的有功功率等于各相负载的有功功率之和,即

$$P = P_1 + P_2 + P_3$$
$$= U_{1P}I_{1P}\cos\varphi_1 + U_{2P}I_{2P}\cos\varphi_2 + U_{3P}I_{3P}\cos\varphi_3$$

如果三相负载对称,则

$$P = 3U_P I_P \cos\varphi$$

上式是用相电压和相电流进行计算的,但在实际生活中,通常用线电压和线电流来计算三相负载的功率。当负载作星形连接时

$$U_1 = \sqrt{3}\,U_P$$
$$I_1 = I_P$$

当负载作三角形连接时

$$U_1 = U_P$$
$$I_1 = \sqrt{3}\,I_P$$

所以,对称三相负载无论是作星形连接还是作三角形连接,其总的有功功率都可以用线电压和线电流表示为

$$P = 3U_P I_P \cos\varphi = \sqrt{3}\,U_1 I_1 \cos\varphi$$
$$\cos\varphi = \frac{R}{Z}$$

（2）无功功率

三相负载同单相负载一样，电路中既有耗能元件，也有储能元件。因此，三相交流电路中仍然有无功功率，其大小为

$$Q = 3U_P I_P \sin \varphi = \sqrt{3} U_l I_l \sin \varphi$$

（3）视在功率

三相负载的视在功率可表示为

$$S = 3U_P I_P = \sqrt{3} U_l I_l$$

【友情提示】

同一负载在同一三相电源作用下，负载作三角形连接时的总功率是作星形连接时的 3 倍。

例 3.10 在对称三相负载中，电源的线电压为 380 V，每相负载的电阻 $R = 3\ \Omega$，电感 $X_L = 4\ \Omega$，将它们分别接成星形和三角形。试求：线电压、相电压、相电流、线电流、总功率各是多少？

解：（1）负载星形连接时，负载线电压与电源线电压相等且为相电压的 $\sqrt{3}$ 倍，负载相电流等于线电流，有

$$Z = \sqrt{R^2 + X_L^2} = 5\ \Omega$$

$$U_{Yl} = U_l = 380\ V$$

$$U_{YP} = \frac{U_{Yl}}{\sqrt{3}} \approx 220\ V$$

$$I_{Yl} = I_{YP} = \frac{U_{YP}}{Z} = 44\ A$$

$$\cos \varphi = \frac{R}{Z} = \frac{3}{5}$$

$$P = \sqrt{3} U_l I_l \cos \varphi \approx 17.4\ kW$$

（2）负载三角形连接时，负载线电压与相电压相等，负载线电流是相电流的 $\sqrt{3}$ 倍，则有

$$U_{\Delta l} = U_{\Delta P} = 380\ V$$

$$I_{\Delta P} = \frac{U_{\Delta P}}{Z} = 76\ A$$

$$I_{\Delta l} = \sqrt{3} I_{\Delta P} = 132\ A$$

$$P = \sqrt{3} U_l I_l \cos \varphi \approx 52\ kW$$

3.2.3 电能的测量与节能

1）电能的测量

电能表是用来测量和记录电能累计值的专用仪表,是目前电能测量仪表中应用最多、最广泛的仪表。

电能表按照用途分为单相电能表、三相有功电能表和三相无功电能表。其中,单相电能表主要用于测量一般用户的用电量,而三相电能表则用于测量电站、厂矿和企业的用电量。

单相感应式电能表的外形结构如图 3.23 所示,其接线柱功能为:①火线进线;②火线出线;③零线进线;④零线出线。

随着科技的进步,智能式单相电能表正逐渐普及。智能式单相电能表的接线与单相感应式电能表相同,不同之处在于,其内部工作测量机构采用微机结构,能随时将测量的电压和功率等数值传送至云端,实现智能测量从而减少人力抄表。

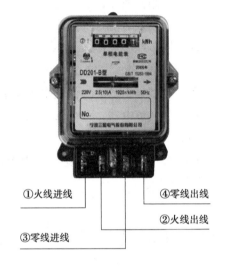

图 3.23 单相感应式
电能表的外形结构

2）常用节能技术

目前,能源已是世界各国关注的焦点之一,节约能源对经济和社会发展具有重要意义。

（1）供配电系统的节能

①正确划分负荷等级,不能人为提高负荷等级。

②合理选择供电电压等级——减少线路损耗。

a.当单台电动机的额定输入功率大于 1 200 kW 时,应采用中(高)压供电方式;

b.当单台电动机的额定输入功率大于 900 kW 而小于或等于 1 200 kW 时,宜采用中(高)压供电方式;

c.当单台电动机的额定输入功率大于 650 kW 而小于或等于 900 kW 时,可采用中(高)压供电方式。

③合理确定负荷指标(节能指标),合理选择变压器容量和台数,变压器负荷率设计值宜在 60%~80%。

④功率因数补偿。

⑤谐波治理。加装有源谐波滤波器来吸收电网的谐波,以减少或消除谐波的干扰,把奇次谐波控制在允许的范围内,保证电网和各类设备安全可靠地运行。

（2）电气照明的节能

①正确选择照度标准。

②合理选择照明方式。

a.工作场所应设置一般照明；

b.当同一场所内的不同区域有不同照度要求时,应采用分区一般照明；

c.对于作业面照度要求较高、只采用一般照明不合理的场所,宜采用混合照明；

d.在一个工作场所内不应只采用局部照明；

e.当需要提高特定区域或目标的照度时,宜采用重点照明。

③使用高光效光源。

④推广高效节能灯具。

⑤使用节能型镇流器。

（3）用电设备的节能

淘汰老型号、高耗能、低效率的设备,更换新型号、高效率的节能型设备。也可通过改造设备和加装节电器,实现节约用电。

（4）管理节能

通过合理的管理手段,达到节电节能的目的,如及时关停不用设备、合理安排生产程序、移峰填谷等。

【思考与练习】

一、填空题

1.三相交流电路是由 3 个_____、_____和_____的电动势组成的三相电源向三相负载供电的电路。

2.三相对称负载作星形连接时,线电压有效值是相电压有效值的_____倍,其相位关系是_____;线电流和相电流的大小关系是_____。

3.如三相对称负载采用三角形接线时,其线电压等于_____倍的相电压;而线电流等于_____倍的相电流,其相位关系是_____。

4.对称三相负载作三角形连接时的线电流是作星形连接时的线电流的_____倍,相电流是作星形连接时的相电流的_____倍。

5.三相照明电路负载必须采用_____接法,中性线的作用是_____。

6.同一对称三相负载,在线电压相同的情况下,负载作三角形连接时的有功功率是星形连接时的有功功率的_____倍。

二、选择题

1.关于一般三相交流发电机的3个线圈中的电动势,下列说法正确的是( )。

　　A.它们的最大值不同

　　B.它们同时达到最大值

　　C.它们的周期不同

　　D.它们达到最大值的时间依次落后1/3周期

2.下列说法正确的是( )。

　　A.当负载作星形连接时,必然有中性线

　　B.当三相负载越接近对称时,中性线电流越小

　　C.负载作三角形连接时,线电流必为相电流的$\sqrt{3}$倍

　　D.以上说法都不正确

3.某对称三相负载,当作星形连接时,三相功率为 P;若保持电源线电压不变,将负载改作三角形连接,则此时三相功率为( )。

　　A.$\sqrt{3}\,P$　　　　　　　B.$3P$　　　　　　　　C.P　　　　　　　D.$\dfrac{1}{3}P$

4.3 盏规格相同的电灯按图 3.24 所示接在三相交流电路中都能正常发光,现将 K_3 断开,则 S_1、S_2 将( )。

　　A.烧毁其中一个或都烧毁

　　B.都略为增亮

　　C.都略为变暗

　　D.不受影响,仍正常发光

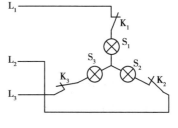

图 3.24

5.一台三相电动机,每相绕组的额定电压为 380 V,对称三相电源的线电压为 380 V,则三相绕组应采用( )。

　　A.三角形连接　　　　　　　　　　B.星形连接,不接中性线

　　C.星形连接,接中性线　　　　　　D.B、C 均可

6.三相对称电源的线电压为 380 V,对称负载星形连接,不接中性线,若某一相发生短路,则其余各相负载电压为( )。

　　A.190 V　　　　　　B.220 V　　　　　　C.380 V　　　　　D.不确定

三、作图题

1.将图 3.25(a)所示的三相负载进行星形连接。

2.图 3.25(b)所示为电动机的定子绕组接线柱,请将其进行三角形连接。

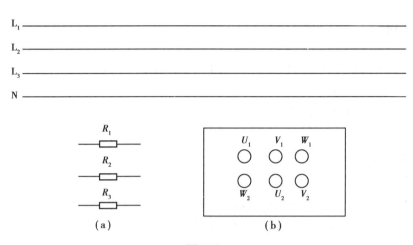

图 3.25

四、计算题

1.三相交流发电机采用星形接法,负载也采用星形接法。发电机的相电压 $U = 1\ 000\ V$,每相负载电阻均为 $R = 50\ k\Omega$,$X_L = 25\ k\Omega$。试求:(1)负载的相电流;(2)负载的线电流;(3)线电压。

2.如图 3.26 所示,电源线电压为 380 V。(1)如果各相负载阻抗都是 100 Ω,则负载是否对称?(2)设 $R = X_L = X_C = 10\ \Omega$,求各相电流。

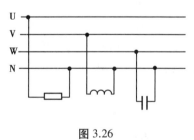

图 3.26

3.3 安全用电与防护

3.3.1 安全用电的一般规定

在生活中,触电、电气火灾及爆炸事故时有发生,它们不仅带来经济损失,而且会造成人身伤亡。因此,必须学习有关安全用电知识,掌握安全操作规程,提高安全用电意识,增强安全保护能力。

1)触电事故的种类

触电是指当人体直接或间接触及带电体时,电流流过人体而造成的伤害。根据伤害程度的不同,触电可以分为电击和电伤两种类型。但是大多数情况下,电击和电伤会同时发生。

- 电击:电流流过人体内部,从而破坏心脏、呼吸系统和神经系统的正常工作。电击是最常见、危险性最大的一种伤害。

- 电伤:电流的热效应、化学效应或机械效应等对人体造成的伤害。常见的电伤有电灼伤、电烙印、皮肤金属化等,有时也可能造成内伤。

2)电流对人体的伤害

电流对人体伤害的大小与流过人体的电流的大小、时间的长短及电流的频率有关。

人体通过 1 mA 工频交流电或者 5 mA 直流电时,就有麻、痛的感觉。如果通过 10 mA 左右的交流电流,人能够自主摆脱电源。如果通过工频 20~25 mA 电流,则感到麻木、剧痛,且不能自主摆脱电源。超过 50 mA 就已经很危险了。如果工频电流 100 mA 通过人体,则会导致窒息,心脏停止跳动,直到死亡。

3)人体触电的形式

按照人体接触带电体的方式和电流通过人体的路径,触电可分为 3 种形式:单相触电、两相触电和跨步电压触电。具体描述见表 3.1。

表 3.1 人体触电的形式

触电形式	图 示	说 明
单相触电		我国低压电力系统多采用三相四线制方式运行,如果人体的某部位(如手)触及一根相线(相线裸露或绝缘损坏)时,电流就会从相线流经人体,再由人体经过大地回到电源中性线,形成单相触电。为防止这类事故发生,必须在人体和地面之间采取可靠的绝缘措施(如穿绝缘鞋或者站在绝缘物上)。 人体接触漏电的设备外壳,也属于单相触电。因此,电气设备常采用保护接地和保护接零措施

续表

触电形式	图 示	说 明
两相触电	380/220 V N i	人体的两处不同部位同时接触两根不同相的带电火线,触电电流将从一根火线流经人体回到另一根火线,构成两相触电。这种情况下,人体将承受 380 V 电压,流过人体的电流为 0.38 A。所以两相触电是最危险的触电
跨步电压触电		如果发生高压电网接地点、防雷接地点、高压相线断落或者绝缘损坏,就会有电流流入接地点,电流在接地点周围形成强电场,人进入强电场后,两脚之间出现的电位差就是跨步电压。这类触电事故称为跨步电压触电。步距越大,离接地点越近,跨步电压就越大。因此,如果已经受到跨步电压的威胁,应当立即采取单脚或双脚并拢的方式跳离危险区域

4)安全电压

安全电压是指人体较长时间接触而不致发生触电危险的电压。我国规定的安全电压额定值有 42 V,36 V,24 ,V,12 V 和 6 V。

安全电压随环境条件的不同而不同。例如,在特别危险环境中使用的手持电动工具应采用 42 V 安全电压;在有电击危险环境中使用的手持照明灯应采用 36 V 或 24 V 安全电压;在金属容器内、隧道内或在特别潮湿的环境中施工应采用 12 V 安全电压;在水下等场所作业时应采用 6 V 安全电压。

5)电工安全操作规程

①电器线路在未经测电笔确定无电前,应一律视为"有电",不可用手触摸,不可绝对相信绝缘体,所有操作均应当作有电操作。

②工作前应详细检查所用工具是否安全可靠,穿戴好必需的防护用品,以防工作时发生意外。

③维修线路要采取必要的措施,在开关把手上或线路上悬挂"有人工作,禁止合闸"的警告牌,防止中途意外送电。

④必须正确处理工作中所有拆除的电线,包好带电线头,防止触电。

⑤工作完毕后,必须拆除临时地线,并检查是否有工具等物品遗落在现场。

⑥送电前必须认真检查,确定符合要求并和有关人员联系落实后,方能送电。

⑦工作结束后,恢复原有防护装置,拆除警告牌,撤离工作人员。

3.3.2　用电保护措施

1)接地保护(保护接零、保护接地)

采用接地保护是一项电力网中行之有效的安全保护手段,是防止人身触电事故、保证电气设备正常运行所采取的重要技术措施。接地保护分为保护接地和保护接零两种方式,这两种方式的保护原理不同、适用范围不同、线路结构也不同。因此,在实际使用和施工操作中,对两种保护方式要进行合理的选择运用。

• 保护接地:简称接地,它是指在电源中性点不接地的供电系统中,将电气设备的金属外壳用导线与埋在地中的接地装置连接起来。若设备漏电,外壳上的电压将通过接地装置导入大地。如果有人接触漏电设备外壳,则人体与漏电设备并联,因人体电阻远大于接地装置对地电阻,通过人体的电流非常微弱,从而消除了触电危险。该保护接地原理如图3.27所示。通常接地装置为厚壁钢管或角钢。接地电阻以不大于4 Ω为宜。

• 保护接零:简称接零,它是指在电源中性点接地的供电系统中,将电气设备的金属外壳与电源零线(中性线)可靠连接。如图3.28所示,此时,设备因绝缘损坏或发生意外情况而使金属外壳带电,形成相线对中性线的单相短路,短路电流则使线路上的保护装置(自动开关或熔断器)迅速动作,切断电源,从而使设备的金属部分不至于长时间存在危险电压,这就保证了人身安全。

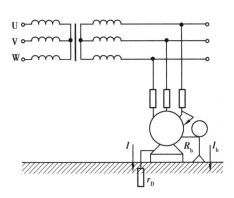

图3.27　保护接地示意图

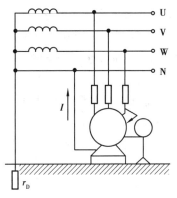

图3.28　保护接零示意图

2)安全用电保护措施(绝缘措施、屏护措施、间距措施)

为了减少或避免触电事故,通常采用绝缘、屏护、间距等保护措施,见表3.2。

表3.2　安全用电保护措施

保护措施	说　明	举　例
绝缘	使用绝缘材料将带电导体封护或隔离起来,使电气设备及线路能正常工作,防止人身触电事故的发生	导线的外包绝缘、变压器的油绝缘、敷设线路的绝缘子、塑料管、包扎裸露线头的绝缘胶布等

续表

保护措施	说　明	举　例
屏护	用防护装置将带电部位、场所、范围隔离开来,可防止工作人员意外碰触或过于接近带电体而发生触电,也可防止设备之间、线路之间由于绝缘强度不够且间距不足而发生事故,保护电气设备不受机械损伤	遮拦、栅栏、围墙、保护网
间距	指带电体与地面之间、带电体与其他设备和设施之间、带电体与带电体之间必要的安全距离。间距的作用是防止触电、火灾、过电压放电及各种短路事故,方便操作。距离的大小取决于电压高低、设备类型、安装方式和周围环境等	室内插座下沿到地面的距离不小于 0.3 m。外线电路在 1 kV 以下的安全操作距离是 4 m

3)漏电保护

漏电保护是利用漏电保护装置来防止电气事故的一种安全技术措施。漏电保护装置的主要作用是防止漏电引起的单相触电事故,除此之外,还可以防止漏电引起的火灾、检测和切断各种一相接地故障等。

4)雷电防护

(1)雷电防护的基本途径

防雷电的基本途径就是要提供一条雷电流(包括雷电电磁脉冲辐射)对地泄放的合理的阻抗路径,而不能让其随机选择放电通道,简言之就是要控制雷电能量的泄放与转换。现代防雷保护的三道防线是:

①外部保护——将绝大部分雷电流直接引入地下泄散;

②内部保护——阻止沿电源线或数据线、信号线引入的侵入波危害设备;

③过电压保护——限制被保护设备上雷电过电压幅值。

这三道防线相互配合,各尽其责,缺一不可。

(2)雷电防护装置

常规防雷电可分为防直击雷电、防感应雷电和综合性防雷电。

防直击雷电的避雷装置一般由三部分组成,即接闪器、引下线和接地装置。接闪器又分为避雷针、避雷线、避雷带、避雷网。防感应雷电的避雷装置主要是避雷器。对同一保护对象同时采用多种避雷装置,称为综合性防雷电。避雷装置要定期检测,防止因导线的导电性差或接地不良失去保护作用。

【阅读窗】

让触电者脱离低压电源的方法

要使触电者迅速脱离电源,在未切断电源或触电者未脱离电源时,切不可触摸触电者。

要做到"拉、切、挑、拽、垫"。

● 拉:就近拉开电源开关,使电源断开。

● 切:用带有可靠绝缘柄的电工钳、锹、镐、刀、斧等利器将电源切断,切断时应注意防止带电导线断落碰触周围人。

● 挑:如果导线搭落在触电者身上或被压在身下,可用干燥的木棒、竹竿将导线挑开。

● 拽:救护人戴上手套或在手上包缠干燥的衣物等绝缘物品拖拽触电者脱离电源。

● 垫:如果触电人由于手指痉挛紧握导线或被导线缠绕,这时可先用干燥的木板或橡胶绝缘垫塞进触电人身下使其与大地绝缘,隔断电流的通路。

【思考与练习】

一、填空题

1.电流对人体的伤害分为_____和_____。绝大部分的触电事故是由_____引起的。

2.常见安全电压等级分为_____、_____、_____、_____、_____ 5 个等级。

3.常见的触电方式有_____、_____和_____ 3 种。占比最大的触电方式是_____。

4.防雷装置由_____、_____和_____ 3 部分组成。

二、简答题

1.保护接零与保护接地有何区别?

2.常用的安全用电保护措施有哪些?

【本章小结】

1.交流电的基本术语：

（1）交流电的基本物理量：

①表大小：最大值（振幅）、有效值和瞬时值。

$$\begin{cases} U_{\mathrm{m}} = \sqrt{2}\,U \\ I_{\mathrm{m}} = \sqrt{2}\,I \\ E_{\mathrm{m}} = \sqrt{2}\,E \end{cases} \qquad \begin{cases} u = U_{\mathrm{m}}\sin(\omega t + \varphi_0) \\ i = I_{\mathrm{m}}\sin(\omega t + \varphi_0) \\ e = E_{\mathrm{m}}\sin(\omega t + \varphi_0) \end{cases}$$

②表快慢：周期、频率、角频率。

$$T = \frac{1}{f}, \quad \omega = \frac{2\pi}{T} = 2\pi f$$

③表位置：相位、初相位、相位差。

其中，最大值（有效值）、频率（周期）和初相位3个物理量被称为交流电的三要素，反映交流电在某一时刻的状态。

（2）交流电表示方法有解析式表示法、波形图表示法。

2.单一参数正弦交流电路。单一参数正弦交流电路的各物理量比较如表3.3所示。

表3.3　单一参数正弦交流电路的各物理量比较表

电路类型	电压、电流关系			功率	
	瞬时值	有效值	最大值	有功功率	无功功率
纯电阻电路	设 $u = U_{\mathrm{m}}\sin \omega t$ 则 $i = I_{\mathrm{m}}\sin \omega t$	$U = IR$	$U_{\mathrm{m}} = \sqrt{2}\,U$ $I_{\mathrm{m}} = \sqrt{2}\,I$	$P = UI$	0
纯电感电路	设 $u = U_{\mathrm{m}}\sin \omega t$ 则 $i = I_{\mathrm{m}}\sin\left(\omega t - \dfrac{\pi}{2}\right)$	$U = IX_{\mathrm{L}}$ $X_{\mathrm{L}} = \omega L$	$U_{\mathrm{m}} = \sqrt{2}\,U$ $I_{\mathrm{m}} = \sqrt{2}\,I$	0	$Q = UI = I^2 X_{\mathrm{L}}$
纯电容电路	设 $u = U_{\mathrm{m}}\sin \omega t$ 则 $i = I_{\mathrm{m}}\sin\left(\omega t + \dfrac{\pi}{2}\right)$	$U = IX_{\mathrm{C}}$ $X_{\mathrm{C}} = 1/\omega C$	$U_{\mathrm{m}} = \sqrt{2}\,U$ $I_{\mathrm{m}} = \sqrt{2}\,I$	0	$Q = UI = I^2 X_{\mathrm{C}}$

3.三相供电电路:

①供电方式:将 3 个频率相同、大小相等、相位彼此相差 $\dfrac{2\pi}{3}$ 的单相交流电源按照"Y"形方式连接在一起对负载进行供电。

②供电大小:相电压 U_P(火线与零线之间的电压)220 V,线电压 U_1(火线与火线之间的电压)380 V,即 $U_1 = \sqrt{3}\,U_P$。

③线电压与相电压的相位关系:线电压超前对应的相电压 $\dfrac{\pi}{6}$。

4.三相负载电路:

(1)星形连接(Y)

$$U_1 = \sqrt{3}\,U_{YP}\left(\text{线电压超前对应相电压}\dfrac{\pi}{6}\right)$$

$$I_{Y1} = I_{YP}$$

(2)三角形连接(△)

$$U_1 = U_{\Delta P}$$

$$I_{\Delta 1} = \sqrt{3}\,I_{\Delta P}\left(\text{线电流滞后对应相电流}\dfrac{\pi}{6}\right)$$

(3)三相负载功率的计算

$$P = 3U_P I_P \cos\varphi = \sqrt{3}\,U_1 I_1 \cos\varphi$$

$$Q = 3U_P I_P \sin\varphi = \sqrt{3}\,U_1 I_1 \sin\varphi$$

$$S = 3U_P I_P = \sqrt{3}\,U_1 I_1$$

同一负载在同一三相电源作用下,负载作三角形连接时的线电流和总功率是作星形连接时的 3 倍。

5.电能的测量与节能:

①日常生活中,用电能表(俗称电表)进行电能测量。它分为单相电能表和三相电能表。

②通常可通过以下渠道进行节能:供配电系统的节能、电气照明的节能、用电设备的节能、管理节能。

6.安全用电与防护:

①我国的安全电压等级分为 42 V,36 V,24 V,12 V,6 V 5 个等级。

②触电对人体造成的伤害可分为电击和电伤 2 种。

③常见的触电方式分为单相触电、三相触电和跨步电压触电 3 种。

④常用的用电保护措施有:保护接零与保护接地、绝缘措施、屏蔽措施、间距措施、漏电保护等。

第 2 部分　数字电路基础

第4章　半导体元器件及其应用

电子元器件是电子产品最基本的组成部分,而半导体元器件通常又是关键与核心,是构成电子元器件(如集成电路)的基础。用半导体元器件可构成整流、振荡、放大、显示等电子电路。半导体元器件的种类很多,通常可分为晶体二极管、晶体三极管及特殊器件,图4.1所示即为常用半导体元器件。

图4.1　常用半导体元器件

【学习目标】

● 了解晶体二极管、晶体三极管的结构。

● 理解晶体二极管、晶体三极管的伏安特性曲线及主要参数。

● 了解整流电路的作用及工作原理,能从实际电路图中识读整流电路,通过估算,会合理选用整流电路元件的参数;会用万用表判别晶体二极管的引脚和质量优劣,能搭接由整流桥组成的应用电路,会使用整流桥;了解滤波电路的应用实例。

● 了解三极管电流放大特点;掌握晶体三极管的结构及符号,能识别引脚,在实践中能合理使用晶体三极管;会用万用表判别晶体三极管的引脚和质量优劣。

● 了解三端集成稳压器件的种类、主要参数、典型应用电路,能识别其引脚。

4.1 晶体二极管及其应用

自然界中的物质按导电能力不同,可分为导体、半导体和绝缘体。半导体的导电能力介于导体和绝缘体之间。常用的半导体材料有硅、锗等。

4.1.1 晶体二极管的结构及特性

晶体二极管,简称二极管,是最简单的半导体元器件,它将 P 型半导体和 N 型半导体结合在一起时,结合处会形成一个特殊的薄层,这个特殊的薄层就是 PN 结。一个 PN 结可以制作一只二极管。

1)二极管的结构

由 PN 结加上两条电极引线做成管芯,并且用塑料、玻璃或金属等材料作管壳封装起来,就构成了二极管,二极管的结构及符号如图 4.2 所示。图 4.2(a)中,从 P 区引出的电极称为正极,也称为阳极(A);从 N 区引出的电极称为负极,也称为阴极(K);图 4.2(b)中,箭头方向表明,二极管的电流只能从正极流向负极,不能从负极流向正极。

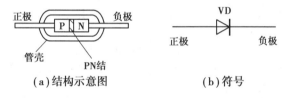

(a)结构示意图　　　　　　　(b)符号

图 4.2 二极管的结构及符号

2)二极管的特性

将一只二极管 VD 与一只 2.5 V 的灯泡按图 4.3(a)所示连接起来。二极管的正极与 3 V 电源的正极相连,二极管负极通过灯泡与电池负极相连,灯泡被点亮,表明二极管导通。如果将二极管的负极与电源正极相连,正极通过灯泡与电源负极相连,此时灯泡不亮,表明二极管不导通,即二极管截止,如图 4.3(b)所示。

上述实验,可以说明:

①二极管加正向电压导通。将二极管的正极接电源正极(高电位),负极接电源负极(低电位),称为正向偏置(正偏)。此时二极管内部呈现的电阻较小,有较大的电流流过,二极管的这种状态称为正向导通状态。

②二极管加反向电压截止。将二极管的正极接电源负极(低电位),负极接电源正极(高电位),称为反向偏置(反偏)。此时二极管内部呈现的电阻较大,几乎无电流流过,二极管的这种状态称为反向截止状态。

二极管两端所加的电压与流过的电流的关系特性称为二极管的伏安特性。为了便于直接观察,把测得的电压、电流对应点数据在坐标系中描点绘出来,所得的曲线便称为伏安特性曲线,如图4.4所示。

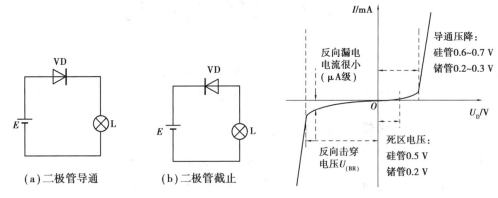

（a）二极管导通　　　　（b）二极管截止

图4.3　二极管通电实验　　　　图4.4　伏安特性曲线

　　观察二极管的伏安特性曲线可知,二极管具有单向导电特性,包括正向特性和反向特性,见表4.1。

表4.1　二极管的单向导电特性

特　性	特性说明	典型数据
正向特性	当正向电流较小时,二极管呈现的电阻很大,基本上处于截止状态,这个区域称为正向特性的"死区"。 　　当正向电压超过死区电压后,二极管的电阻就变得很小,二极管处于导通状态,电流随电压成指数规律增长,即正向电压只要略微增加一点,电流就会增加很多	一般硅二极管的"死区"电压约为0.5 V,锗二极管约为0.2 V; 　　二极管导通后两端压降基本保持不变,硅二极管约为0.7 V,锗二极管约为0.3 V
反向特性	若将二极管的正极接低电位,负极接高电位,则二极管呈现很大的电阻,二极管中几乎无电流流过,二极管处于截止状态。 　　二极管加反向电压时,仍然会有反向电流流过二极管,称为漏电流,也称为反向饱和电流。它是衡量二极管好坏的一个重要指标,其值越小,二极管质量越好。 　　当二极管两端的反向电压超过某一数值时,反向电流急剧增大,这种现象称为反向击穿,反向击穿电压用 $U_{(BR)}$ 表示。二极管反向击穿(电压击穿)后,只有采取限流措施,才能使反向电流不超过允许值。降低或去掉反向电压后,二极管可恢复正常;如不采取限流措施,很大的反向电流流过二极管会迅速发热,导致二极管热击穿而永久损坏	硅二极管的漏电流一般为几至几十微安;锗二极管的漏电流一般为几十至几百微安

【友情提示】

　　二极管最重要的特性就是单向导电性。在电路中,电流只能从二极管正极流入,负极流出。二极管加正向电压时并不一定能导通,必须是正向电压超过"死区"电压时,二极管才能导通。

从二极管的伏安特性曲线可以看出,二极管的电压与电流不成线性关系,所以二极管属于非线性器件。

二极管击穿有热击穿和电击穿之分。

4.1.2　整流滤波电路

整流电路是直流电源的核心部分,它的作用是利用二极管的单向导电性,将交流电压转换成脉动直流电压。脉动直流电压还不能满足大多数电路的需要,因此在整流电路的后面要加一个滤波电路,将脉动直流电压转变成平稳的直流电压。

常用的整流电路有半波整流电路和桥式整流电路,见表4.2。

表 4.2　常用整流电路

比较项目	电路名称	
	半波整流电路	桥式整流电路
电路结构		
输出波形		
工作原理	u_2 为正半周时,a 端电位高于 b 端电位,二极管 VD 正向偏置而导通,电流 I_L 由 a 端→VD→R_L→b 端,自上而下流过 R_L,在 R_L 上得到一个极性为上正下负的电压 U_L。若不计二极管的正向压降,此期间负载上的电压 $U_L = u_2$ u_2 为负半周时,b 端的电位高于 a 端电位,二极管 VD 反向偏置而截止。此期间无电流流过 R_L,负载上的电压 $U_L = 0$	u_2 为正半周时,即 a 端为正、b 端为负,这时 VD_1、VD_3 导通,VD_2、VD_4 截止,电流 I_L 由 a 端→VD_1→R_L→VD_3→b 端,此电流流经 R_L 时,在 R_L 上形成上正下负的输出电压 u_2 为负半周时,即 a 端为负、b 端为正,这时 VD_2、VD_4 导通,VD_1、VD_3 截止,电流 I_L 由 b 端→VD_2→R_L→VD_4→a 端,此电流流经 R_L 时,也在 R_L 上形成上正下负的输出电压
负载电压平均值 U_0	$U_0 = 0.45u_2$	$U_0 = 0.9u_2$

续表

比较项目	电路名称	
	半波整流电路	桥式整流电路
负载电流平均值 I_O	$I_O = \dfrac{U_L}{R_L} = 0.45\,\dfrac{u_2}{R_L}$	$I_O = \dfrac{U_L}{R_L} = 0.9\,\dfrac{u_2}{R_L}$
通过每只整流二极管的平均电流 I_V	$I_V = 0.45\,\dfrac{u_2}{R_L}$	$I_V = \dfrac{1}{2}I_O = 0.45\,\dfrac{u_2}{R_L}$
整流管承受的最高反向电压 U_{RM}	$U_{RM} = \sqrt{2}\,u_2$	$U_{RM} = \sqrt{2}\,u_2$
整流二极管参数选用	$I_{OM} \geqslant I_O$ $U_{RM} \geqslant \sqrt{2}\,u_2$	$I_{OM} \geqslant \dfrac{1}{2}I_O$ $U_{RM} \geqslant \sqrt{2}\,u_2$
优缺点	电路简单,输出整流电压波动大,整流效率低	电路较复杂,输出电压波动小,整流效率高,输出电压高

常见滤波电路主要有电容滤波电路、电感滤波电路和复式滤波器。

1)电容滤波电路

(1)电路组成

电容滤波电路是使用最多、也最简单的滤波电路,其结构是在整流电路的负载两端并联一只较大容量的电解电容,如图 4.5 所示,利用电容的充、放电作用使输出电压趋于平稳。

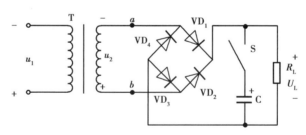

图 4.5　电容滤波电路图

(2)工作过程

电容 C 接入电路,假设开始时电容上的电压为 0,接通电源后 u_2 从 0 开始增大,整流输出的电压在向负载 R_L 供电的同时,也给电容 C 充电。当充电电压达到最大值 $\sqrt{2}\,u_2$ 后,u_2 开始下降,于是电容 C 开始通过负载电阻放电,维持负载两端电压缓慢下降,直到下一个整流电压波形的到来。当 u_2 大于电容端电压 u_C 时,电容又开始充电。如此循环下去,使输出电压的脉动成分减小,平均值增大,从而达到滤波的目的。

【友情提示】

电解电容作为滤波电容时,其正负极不允许接反;否则会加大电容的漏电,引起温度上升使电容爆裂。

（3）输出电压的估算

半波整流电容滤波

$$U_L \approx u_2$$

桥式整流电容滤波

$$U_L \approx 1.2u_2$$

空载时（负载 R_L 开路）

$$U_L \approx 1.4u_2$$

空载时输出电压接近 u_2 的最大值。

2）电感滤波电路

电感滤波电路如图 4.6 所示。由于电感 L 对交流电呈现出一个很大的感抗 $X_L = 2\pi fL$,能有效地阻止交流电通过,而对直流电的阻抗则较小,使直流电容易通过,因此,交流成分大多降落在电感 L 上,而直流成分则顺利地通过电感 L 流到负载 R_L 上,于是在负载 R_L 上获得的输出电压 U_L 中,交流成分很少,从而达到滤波的目的。随着电感 L 的增加,即 $X_L = 2\pi fL$ 增加,阻止交流电的作用越强,滤波作用越强,输出电压 U_L 中的交流成分就越少。

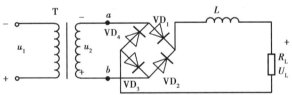

图 4.6　桥式整流电感滤波

电感滤波输出电压的平均值

$$U_O = 0.9u_2$$

3）复式滤波器

电容滤波和电感滤波都是基本滤波器,利用他们可以组合成如图 4.7 所示的 CL 滤波器、LC 滤波器、LCπ 型滤波器、RCπ 型滤波器等复式滤波器。复式滤波效果比单一的电容或电感滤波效果好得多,尤以 π 型滤波器效果最佳。

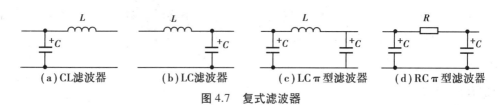

（a）CL滤波器　　　（b）LC滤波器　　　（c）LCπ型滤波器　　　（d）RCπ型滤波器

图4.7　复式滤波器

思考与练习

一、填空题

1. 当PN结加_____时导通,加_____时截止,这就是PN结的_____性。

2. 硅二极管的死区电压约为_____V,锗二极管的死区电压约为_____V。

3. 二极管的核心部分是_____。

4. 稳压二极管正常工作时利用的是特性曲线的_____区。

5. 将交变电流变换成_____的过程称为整流,半波整流电路的负载电压平均值为0.45u_2,桥式整流电路的负载电压平均值为_____,每只管子通过的平均电流只有$\frac{1}{2}I_0$。

二、选择题

1. 硅二极管的死区电压约为(　　)。
　　A.0.2 V　　　　　　B.0.3 V　　　　　　C.0.5 V　　　　　　D.0.7 V

2. 硅二极管的压降为(　　)。
　　A.0.2 V　　　　　　B.0.3 V　　　　　　C.0.5 V　　　　　　D.0.7 V

3. 桥式整流电路输出的直流电压为变压器次级电压u_2有效值的(　　)倍。
　　A.0.45　　　　　　B.0.707　　　　　　C.1.414　　　　　　D.0.9

4. 变压器次级电压$u_2=10$ V,经桥式整流电容滤波后,其输出直流电压U_0为(　　)。
　　A.20 V　　　　　　B.9 V　　　　　　C.12 V　　　　　　D.4.5 V

三、判断题

1. 二极管的主要参数是最大整流电流和最高反向工作电压。　　　　　　　　（　　）

2. PN结加正向偏压时,P区接电源的负极,N区接电源正极。　　　　　　　（　　）

3. 二极管导通时正向电阻小,截止时反向电阻大。　　　　　　　　　　　（　　）

4. 滤波电路中,滤波电容容量越小越好。　　　　　　　　　　　　　　　（　　）

5. 二极管电压击穿后可以恢复正常。　　　　　　　　　　　　　　　　　（　　）

6. 稳压管一旦反向击穿,PN结便会被损坏。　　　　　　　　　　　　　　（　　）

四、计算题

有一单相半波整流电路如图4.8所示,负载$R_L=2$ kΩ,要求输出平均电压$U_0=40$ V。

试求:(1)变压器副边电压 u_2;(2)流过二极管的平均电流 I_D。

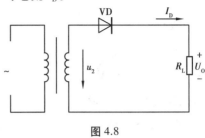

图 4.8

4.2 晶体三极管及其应用

4.2.1 晶体三极管的结构及特性

1)三极管的外形

图 4.9 是几种常见的三极管实物图,从封装形式来分,三极管一般分为塑料封装、金属封装即片状封装。

2)三极管的种类与符号

三极管内部有集电区、发射区、基区 3 个区,有 2 个 PN 结,根据三极管内部结构的不同,三极管可分为 NPN 型和 PNP 型两大类,其结构、符号见和特点表 4.3。

图 4.9 常见三极管实物图

表 4.3 三极管的种类、结构、符号和特点

种 类	结 构	符 号	特 点
NPN 型	集电极c 集电结 集电区 基极b 基区 发射结 发射区 发射极e	c b VT e	①发射区掺杂浓度高,便于发射载流子; ②基区很薄,有利于发射区注入基区的载流子顺利通过基区到达集电区; ③集电区面积大,便于收集载流子
PNP 型	集电极c 集电结 集电区 基极b 基区 发射结 发射区 发射极e	c b VT e	

【友情提示】

有箭头的电极是发射极,箭头方向表示发射极正向电流的方向,由此可以判断三极管是 NPN 型还是 PNP 型。三极管按材料分还可分为锗三极管和硅三极管。

3)三极管的放大原理与电流分配

三极管要具有放大作用,除了要满足内部结构特点外,还必须满足外部电路条件。其外部条件是:发射结正偏,集电结反偏;对于 NPN 型管,3 个电极上的电位分配必须符合 $U_c>U_b>U_e$;对于 PNP 型管,应满足 $U_e>U_b>U_c$ 才能起放大作用。加在基极与发射极之间的正向电压 U_{be} 称为正向偏压,其数值应大于发射结的死区电压。

下面用实验来研究三极管的放大原理和电流分配。

(1)电路连接

按图 4.10 所示连接电路。

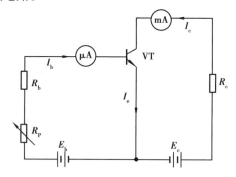

图 4.10 三极管电流放大电路

(2)测量

调节电位器 R_P,以改变基极电流 I_b、I_c、I_e,该实验所取数据如表 4.4 所示。

表 4.4 三极管电流测试数据

I_b/mA	0	0.01	0.02	0.03	0.04	0.05
I_c/mA	0	0.56	1.14	1.74	2.33	2.91
I_e/mA	0	0.57	1.16	1.77	2.37	2.96

(3)电流放大原理

以实验参考数据为例进行分析,可得到以下结论:

基极电流为 0 时,集电极电流也为 0。当基极电流 I_b 从 0.01 mA 增大到 0.02 mA 时,集电极电流 I_c 从 0.56 mA 增大到 1.14 mA。将这两个电流的变化量相比得

$$\frac{\Delta I_c}{\Delta I_b} = \frac{(1.14 - 0.56)\,\text{mA}}{(0.02 - 0.01)\,\text{mA}} = \frac{0.58\ \text{mA}}{0.01\ \text{mA}} = 58$$

　　这表明,基极电流的一个微小变化,将引起集电极电流有一个较大的变化。这两个电流变化量的比值称为三极管的交流放大倍数 β,即

$$\beta = \Delta I_c / \Delta I_b$$

　　通过数据分析还可以看出,基极电流 I_b 和集电极电流 I_c 有着基本的倍数关系,即 I_c/I_b 约为 58。通常集电极电流为基极电流的几十到几百倍,把 I_b 与 I_c 的比值称为三极管的直流放大倍数 $\overline{\beta}$。即 $\overline{\beta} = I_c/I_b$。

　　综上所述,基极电流 I_b 的变化使集电极电流 I_c 发生了更大的变化,即基极电流 I_b 的微小变化控制了集电极电流 I_c 的较大变化,这就是三极管的放大原理。

【友情提示】

　　三极管经过放大后的电流 I_c 是由电源 E_c 提供的,并不是 I_b 提供的。这是一种以小电流控制大电流的作用,这才是三极管起电流放大作用的实质,而不是把 I_b 真正放大为 I_c,三极管并没有创造能量。

　　(4)电流分配关系

　　通过表 4.4 的数据分析可得到下列关系

$$I_e = I_b + I_c$$
$$I_c = \beta I_b$$
$$I_e = I_b + I_c = \beta I_b + I_b = (1 + \beta)I_b \approx I_c$$

　　4)三极管的接法(组态)

　　三极管在电路中的连接方式有 3 种,即共发射极接法、共基极接法、共集电极接法。共什么极指电路的输入端及输出端以这个极作为公共端,如图 4.11 所示。

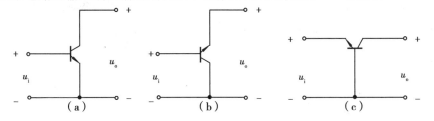

图 4.11　三极管的 3 种组态

　　5)三极管的特性曲线

　　三极管外部各极电压与电流的关系曲线,称为三极管的特性曲线,又称为伏安特性曲线。它不仅能反映三极管的质量与特性,还能估算出三极管的某些参数,是分析和设计三极管电路的重要依据。

　　(1)共发射极输入特性曲线

　　图 4.12 所示的共发射极输入特性曲线是指当 U_{ce} 为某一定值时,基极电流 I_b 与发射结电压 U_{be} 之间的关系曲线。由输入特性曲线可知三极管的输入特性,如表 4.5 所示。

表 4.5　三极管的输入特性

要　点	说　明
死区	三极管的 be 结相当于一个二极管,与二极管相似,当 u_{be} 大于死区电压时,be 结才导通。硅管的死区电压为 0.5 V 左右
导通区	当 be 结导通后,u_{be} 有微小的变化,基极电流 I_b 就会有很大的变化。三极管正常放大时,u_{be} 基本不变,硅管的死区电压为 0.7 V,锗管的死区电压为 0.3 V
U_{ce} 的影响	当三极管的 ce 极电压 U_{ce} 增大时,曲线略有右移,即 u_{be} 略有增大

（2）共发射极输出特性曲线

共发射极输出特性曲线是在基极电流 I_b 为一常量的情况下,集电极电流 i_c 和管压降 u_{ce} 之间的关系曲线,如图 4.13 所示。通常三极管的输出特性曲线分为截止、饱和、放大和过损耗 4 个区域,分别反映三极管不同的工作状态,见表 4.6。

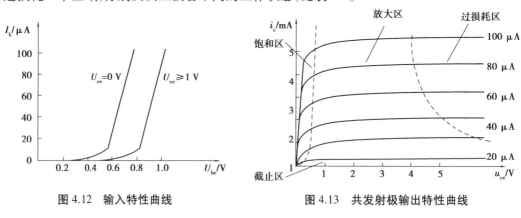

图 4.12　输入特性曲线　　　图 4.13　共发射极输出特性曲线

表 4.6　三极管输出特性曲线的 4 个区域

区　域	位　置	特　点
截止区	$I_b=0$ 曲线以下的区域	发射结电压小于开启电压且集电结反偏。此时,$I_b=0$,I_c 只有微小的穿透电流存在,$I_c \approx 0$
放大区	曲线簇中平行且等距的区域	发射结正偏且集电结反偏。此时,I_c 几乎仅取决于 I_b,而与 u_{ce} 无关,表现出三极管放大时的两大特性:电流受控,I_b 对 I_c 有控制作用,即 $\Delta I_c = \beta \Delta I_b$;恒流特性,只要 I_b 一定,I_c 基本不随 u_{ce} 变化而变化
饱和区	曲线簇左边陡直部分到纵轴之间的区域	发射结和集电结均处于正偏。此时,I_c 基本不受 I_b 控制,但随 u_{ce} 增大而明显增大。三极管饱和时的 u_{ce} 值称为饱和电压降 u_{ceo},硅管约 0.3 V,锗管约为 0.1 V
过损耗区	曲线簇右上部分	不安全工作区,三极管耗散功率太大,易发热损坏

【友情提示】

三极管工作在放大状态时,可在模拟电路中作放大管,用来控制电流的大小;工作在饱和和截止状态时,具有开关特性,常作为开关应用在自动控制和传感装置中。

6)主要参数

三极管的主要参数有质量参数和极限参数两大类,如表4.7所示。

表4.7 三极管的主要参数

参 数	符 号	含 义	选 用
电流放大倍数	β	衡量电流放大能力的参数。中小功率三极管 β 值一般在几十至几百,大功率三极管 β 值一般在 $10 \sim 50$	视具体要求而定
集-射极间反向饱和电流	I_{ceo}	基极开路时,集电极和发射极之间的反向饱和电流。硅三极管在 1 μA 以下,锗三极管为几十至几百微安	I_{ceo} 越小越好
集电极最大允许电流	I_{cm}	三极管电流放大倍数 β 下降到额定值的 2/3 时的集电极电流称为集电极最大允许电流	必须使 $I_c < I_{cm}$,否则 β 将明显下降
集电极最大允许耗散功率	P_{cm}	P_{cm} 是保证三极管能维持正常工作的最大耗散功率	$P_c < P_{cm}$
集-射反向击穿电压	U_{ceo}	基极开路时($I_b = 0$),允许加在集、射极之间的最大反向电压,若集电结反偏电压超过该值,将导致反向电流剧增,从而使三极管损坏	$U_{ce} < U_{ceo}$

4.2.2 晶体三极管放大电路

三极管具有电流放大作用,那么用三极管就可以完成对电信号的放大吗? 不是的,三极管还需要和一些其他元件构成完整的放大电路,才能实现对电信号的放大。

1)基本放大电路

(1)电路组成

图4.14是以三极管为核心的共射放大电路,输入信号 u_i 从三极管的基极和发射极之间输入,放大后的输出信号 u_o 从三极管的集电极和发射极之间输出。发射极是输入、输出回路的公共端,故称该电路为共射基本放大电路。

为了省去电源 E_b,共发射极放大电路习惯上画成图4.14(b)所示的形式,图中电源电压 V_{CC} 也以常见的电位形式标出。

(2)元器件的作用

共射放大电路中各元器件的名称和作用如表4.8所示。

表 4.8 共射放大电路主要元器件的名称和作用

符 号	名 称	作 用
VT	三极管	实现电流放大
R_b	基极偏置电阻	提供偏置电压
R_c	集电极偏置电阻	提供集电极电流通路
C_1	输入耦合电容	使信号源的交流信号畅通地传送到放大电路的输入端
C_2	输出耦合电容	把放大后的交流信号畅通地传送给负载

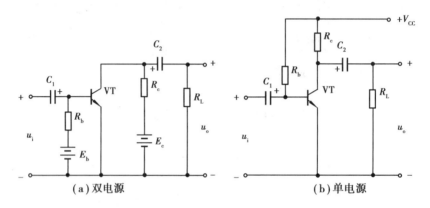

图 4.14 共射放大电路

（3）静态工作点

没有输入信号时,三极管基射电压、集射电压、基极电流、集极电流是不变的直流量,分别用符号 U_{be}、U_{ce}、I_b、I_c 表示。因此,放大器没有输入信号时的直流工作状态称为静态。由于 U_{be}、U_{ce}、I_b、I_c 的值对应着三极管输入特性曲线和输出特性曲线上某一点 Q,故称为放大电路的静态工作点。

①直流通路及画法。

放大器的直流等效电路即为直流通路,是放大器输入回路和输出回路直流电流的流经途径。直流通路的画法是:将电容视为开路,电感视为短路,其余元器件保留,如图4.15所示。

②交流通路的画法。

有信号输入时,放大电路的工作状态称为动态。动态时,电路中既有代表信号的交流分量,又有代表静态偏置的直流分量,是交、直流共存状态。放大器交流等效电路即为交流通路,是放大器输入的交流信号的流经途径。它的画法是:将电容视为短路,电感视为开路,电源视为短路,其余元器件保留。如图4.17是基本放大电路图4.16的交流通路。

2)分压式偏置电路

基本放大电路是通过基极电阻 R_b 提供静态基极电流 I_{bq},只要固定了 R_b,I_{bq} 也就固定了,所以基本放大电路也叫固定式偏置电路。它虽电路简单,但电路稳定性差,温度升高或电源电压发生变化等都会使静态工作点发生变化,影响放大器的性能。为了稳定静态工作点,在要求较高的场合,采用改进型共射极放大电路,即分压式偏置电路。

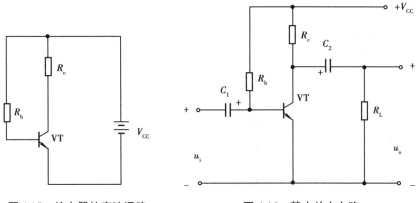

图 4.15　放大器的直流通路　　　　　　图 4.16　基本放大电路

分压式偏置电路的结构如图 4.18 所示,它与固定偏置电路相比多接了 3 个元件,即 R_{b2},R_e,C_e,下面介绍它们各自的作用。

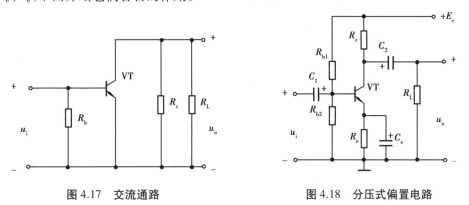

图 4.17　交流通路　　　　　　图 4.18　分压式偏置电路

从图 4.18 中可以看出,R_{b1} 相当于基本放大电路中的基极电阻 R_b,现接入 R_{b2} 后,流经 R_{b1} 的电流 I_1 与流经 R_{b2} 的电流 I_2 及基极电流 I_{bq} 之间的关系为

$$I_1 \approx I_2 \gg I_{bq}$$

因此基极电位 U_b 由 R_{b1} 和 R_{b2} 分压决定,分压式偏置电路由此而得名。根据分压公式,有

$$U_b = \frac{R_{b2}}{R_{b1} + R_{b2}} E_c$$

由上式看出,改变 R_{b1} 或 R_{b2} 的阻值可以改变基极电位 U_b,也就改变了放大器的静态工作点。

接入 R_e 后,发射极电流 I_{eq} 流经 R_e 时,要在 R_e 上产生压降,因此接入 R_e 的目的是提高发射极电位。

C_e 是旁路电容,能将流入 R_e 的信号 i_E 旁路到地,防止 i_E 在 R_e 上产生压降,导致放大倍数降低。

4.2.3 放大电路的性能指标

放大电路放大信号性能的优劣是用它的性能指标来衡量的。放大电路性能指标很多,主要有以下几个。

1)放大倍数

放大倍数是表示放大电路放大能力的指标,又分为电压放大倍数、电流放大倍数和功率放大倍数。

(1)电压放大倍数

放大电路的电压放大倍数是指输出电压有效值与输入电压有效值之比,即 $A_u = \dfrac{U_o}{U_i}$,它表示放大电路放大信号电压的能力。

(2)电流放大倍数

放大电路的电流放大倍数是指输出电流有效值与输入电流有效值之比,即 $A_i = \dfrac{I_o}{I_i}$,它表示放大电路放大信号电流的能力。

(3)功率放大倍数

放大电路的功率放大倍数是指输出信号功率与输入信号功率之比,即 $A_p = \dfrac{P_o}{P_i} = \dfrac{U_o I_o}{U_i I_i} = A_u A_i$

在实际工作中,放大倍数常用增益 G 来表示,增益的单位为分贝(dB),定义为

$$G_u = 20 \lg \frac{U_o}{U_i} = 20 \lg A_u$$

$$G_i = 20 \lg \frac{I_o}{I_i} = 20 \lg A_i$$

$$G_p = 10 \lg \frac{P_o}{P_i} = 10 \lg A_p$$

2)输入电阻和输出电阻

(1)输入电阻

输入电阻 r_i 是从放大电路输入端看进去的等效电阻,对于信号源来说,它就是负载。放大电路从信号源索取电流的大小,反映了放大电路对信号源的影响程度,r_i 定义为输入电压有效值与输入电流有效值之比,即

$$r_i = \frac{U_i}{I_i}$$

从图 4.18 可以看出，r_i 越大，U_i 越接近 U_s，信号电压损失越小。因此，一般要求放大电路的输入电阻大些。

（2）输出电阻

输出电阻 r_o 是从放大电路输出端看进去的等效电阻，如图 4.19 所示。U'_o 为空载时输出电压的有效值，U_o 为带负载后输出电压的有效值，由此可得

$$U_o = \frac{R_L}{R_L + r_o} U'_o$$

$$r_o = \left(\frac{U'_o}{U_o} - 1 \right) R_L$$

r_o 越小，负载电阻变化时，U_o 的变化越小，就称为放大电路的带负载能力越强。

3）通频带

任何放大电路都不能把所有频率的信号均匀放大，我们把放大电路能正常放大的频率范围，称为放大电路的通频带。如图 4.20 所示。

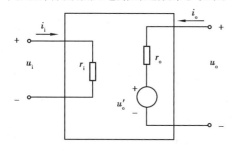

图 4.19　放大电路示意图

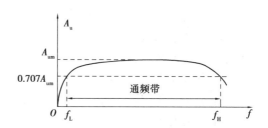

图 4.20　放大电路的通频带

如果把正常放大的频率范围称为中频区，则信号频率下降而使放大倍数下降到中频区的 0.707 倍所对应的频率称为下限截止频率，用 f_L 表示。同理，将信号频率上升而使放大倍数下降到中频区的 0.707 倍时所对应的频率称为上限截止频率，用 f_H 表示。则通频带可表示为

$$f_{BW} = f_H - f_L$$

思考与练习

一、填空题

1. 三极管的放大原理，由于_____变化，使_____发生更大的变化，即用微弱的_____变化去控制_____较大的变化。

2. 三极管处于正常放大状态，它的集电处于_____状态，发射结处于_____状态。

3. 放大器的 3 种基本组态中，输入电阻最大且输出电阻最小的是_____。

4. 三极管 3 个电极间的电流关系符合_____定律。

5.三极管的 3 种接法是_____、_____、_____。

6.对于一个放大器来说,一般希望输入电阻_____好些,输出电阻_____好些。

二、选择题

1.3 种组态的放大电路中,共发射极放大电路的特点是( )。

  A.u_o 与 u_i 反相能放大电流   B.u_o 与 u_i 同相能放大电压

  C.u_o 与 u_i 同相能放大电流   D.u_o 与 u_i 反相能放大功率

2.某锗三极管管脚电位如图 4.21 所示,则可判定该管处在( )。

  A.放大状态   B.饱和状态

  C.截止状态   D.无法确定状态

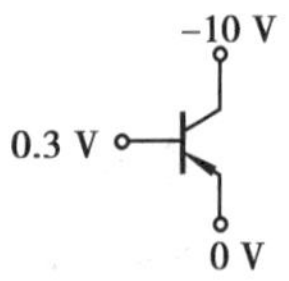

3.在放大电路中,处于放大状态的 NPN 管必须满足条件( )。

  A.发射极正偏,集电极反偏

  B.发射极反偏,集电极正偏

  C.发射结正偏,集电结反偏

  D.发射结反偏,集电结正偏

图 4.21

4.画放大电路的直流通路时应当( )。

  A.电容开路,电感开路   B.电容短路,电感短路

  C.电容开路,电感短路   D.电容短路,电感开路

5.对分压式偏置电路的发射极旁路电容说法正确的是( )。

  A.提高发射极电位   B.让发射极电位为 0

  C.避免直流信号产生负反馈   D.避免交流信号产生负反馈

6.三极管在饱和状态时,两个结分别处于( )。

  A.发射结正偏,集电结反偏   B.发射结反偏,集电结正偏

  C.发射结正偏,集电结正偏   D.发射结反偏,集电结反偏

三、判断题

1.在三极管各电极上的电流分配满足 $I_e = I_b + I_c$ 的关系式。   ( )

2.若三极管基极直接或者通过电容与信号源连接,集电极通过电容或者直接与负载连接,则这种电路必然是共集电极电路。   ( )

3.射极输出器(共集电极放大器)具有较高的电压、电流、功率放大能力。   ( )

4.要使三极管具有放大作用,其外部条件应满足发射结反向偏置,集电结正向偏置。

    ( )

5.三极管发射区和集电区能对调使用。   ( )

6.放大器采用分压式偏置电路,主要目的是提高输入电阻。   ( )

7.三极管放大作用的本质是它的电压控制作用。   ( )

8.任意两个 PN 结就可以当成一个三极管使用。   ( )

4.2.4　二极管和三极管的识别与检测

1）二极管的识别和检测

（1）观察法识别二极管引脚极性

二极管引脚极性的标注方法有 3 种：直标标注法、色环标注法和色点标注法。如图 4.22 所示，仔细观察二极管封装上的一些标记，一般可以看出引脚的正负极性。

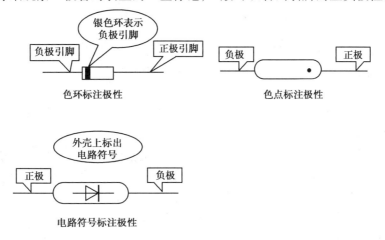

图 4.22　二极管引脚的标注方法

贴片二极管一般在一端画一条灰杠表示该端为负极，如图 4.23 所示。

金属封装的大功率二极管，可以依据其外形特征分辨出正负极，如图 4.24 所示。

图 4.23　贴片二极管极性标注　　**图 4.24　金属封装大功率二极管的极性**

发光二极管长脚为正，短脚为负，如果引脚一样长，则管内部面积大点的是负极，面积小点的是正极，如图 4.25 所示。有的发光二极管带有一个小平面，靠近小平面的一根引线为负极。

大功率发光二极管带小孔的一端就是正极，如图 4.26 所示。需要注意是，这个小孔引脚没有实际作用，焊接时，还是焊接那两个像小脚的引脚。

（2）二极管的检测

二极管性能的好坏，可以依据单向导电性的测量予以简单的判断。常使用万用表检

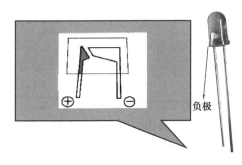

（a）从内部观察　　　　　　　　　（b）从引脚长短观察

图 4.25　发光二极管的极性观察

图 4.26　大功率发光
二极管极性观察

测二极管。

用指针式万用表测量判断二极管正负极的一般方法如下。

①先将万用表的电阻挡置于 $R×100$ 或 $R×1k$ 挡。

②用万用表红、黑表笔任意测量二极管两引脚间的电阻值。

③交换两只表笔再测一次。如果二极管是好的，则两次测量结果必定一大一小。

④以阻值较小的一次测量为准，黑表笔接的为二极管正极，红表笔接的是二极管的负极。

2）三极管的识别与检测

（1）由封装形式识别和判断引脚极性

常见三极管的外形和引脚排列规律如表 4.9 所示。需特别指出，个别特殊三极管，其外形和引脚排列与表中所列情形不一样，对三极管的引脚判断，不能完全依赖于外形识别，还需要与仪表测试相结合。

表 4.9　三极管的外形和引脚排列规律

封装方式	引脚排列规律示意图	说　明	常见型号
塑料封装		有文字面正对人，让引脚朝下，则由左至右依次为 e、b、c	90 系列：9011、9012、9013、9014、9015、9018 等（其中 9012、9015 为 PNP 管，其余为 NPN 管）

续表

封装方式	引脚排列规律示意图	说　明	常见型号
塑料封装		有文字面正对人,让引脚朝下,则由左至右依次为 b、c、e	1651、1710、2613 等
金属封装		管脚面对人,3 个引脚呈等腰三角形,则由顶角开始,逆时针依次为 b、e、c	3DG12 等
金属封装		管脚面对人,较远的孔与两个引脚呈等腰三角形,则由顶角(孔)开始,逆时针依次为 c、e、b	3DD15D、3DD03C 等
贴片封装		有文字面正对人,让引脚朝下,则由左至右依次为 e、b、c	种类较多
贴片封装		从两个引脚的边开始,逆时针依次为 e、b、c	种类较多

【知识窗】

三极管型号命名

三极管种类很多,其型号的命名方法各个国家也不尽相同,一般由 5 部分组成。部分三极管的命名方法如表 4.10 所示。

表4.10　部分三极管的命名方法

产地	电极数目	三极管材料和极性	三极管类型	器件序号	规格号
中国	3:三极管	A:PNP型锗材料 B:NPN型锗材料 C:PNP型硅材料 D:NPN型硅材料	X:低频小功率管 G:高频小功率管 D:低频大功率管 A:高频大功率管	反映参数的差别	反映承受反向击穿电压的程度
日本	2:三极管 (2个PN结)	S(日本电子工业协会注册产品)	A:PNP高频 B:PNP低频 C:NPN高频 D:NPN低频	登记序号	对原型号的改进
美国	2:三极管 (2个PN结)	N(美国电子工业协会注册标志)	登记序号		
韩国	9012	9013	9014	9015	9018
	PNP	NPN	NPN	PNP	NPN

(2)三极管的检测

三极管的检测方法如表4.11所示。

表4.11　三极管检测方法

测量项目	测量方法
挡位选择	选择万用表$R \times 100$或$R \times 1k$挡。
判断基极b和三极管类型	①测量管子3个电极中每两个极之间的正、反向电阻值。当用一根表笔接某一电极,而另一根表笔先后接触另外两个电极,均测得低阻值时,则第一根表笔所接的那个电极即为基极b。 ②如果测量值都不是较小,需更换表笔重新测量。 ③如果是黑表笔接基极b,红表笔分别接触其他两极,测得的阻值较小,则被测三极管为NPN型;否则,该管为PNP型
判断发射极c和集电极e	①三极管基极确定后,通过交换表笔两次测量e、c极间的电阻,记录测量数据,两次测量的结果应不相等。 ②对于NPN型管,其中测得电阻值较小的一次的红表笔接的是三极管的发射极e,黑表笔接的是三极管的集电极c。 ③对于PNP型管,测得电阻值较小的一次的红表笔接的是三极管的集电极c,黑表笔接的是三极管的发射极e

续表

测量项目	测量方法
检测三极管质量好坏	①把黑表笔接在基极上,红表笔先后接其他两个电极。 ②把红表笔接在基极上,黑表笔先后接其他两个电极。 对 NPN 型管,第 1 种接法测量阻值都较小,第 2 种接法测量阻值较大,说明三极管是好的。 对 PNP 型管,第 1 种接法测量阻值都较大,第 2 种接法测量阻值都较小,说明三极管是好的
判断管型的其他方法	从管体上标的型号来区分:各国对三极管的命名法,都明确区分 PNP 管和 NPN 管。国产管是用字母表示:编号第二部分是字母,a 和 c 是 PNP 型的;b 和 d 是 NPN 型的

【思考与练习】

一、填空题

1.二极管引脚极性的标注方法有 3 种:直标标注法、色环标注法和_____标注法。

2.观察发光二极管 LED 的两只引脚,长引脚为_____极,短引脚为_____极。

3.塑料封装的三极管,将有文字字面正对人,让引脚朝下,则引脚电极由左至右依次为_____。

二、选择题

1.图 4.27 所示的稳压二极管的正极是(　　　)。

　A.A　　　　　　　　B.B　　　　　　　　C.A 正和 B 负　　　　D.无法判断

2.如图 4.28 所示,三极管 S8050 引脚从左到右分别为(　　　)。

图 4.27　　　　　　　　　　　图 4.28

　A. e、b、c　　　　　　　　　　　　　　B. b、c、e

　C. e、c、b　　　　　　　　　　　　　　D. b、e、c

3.用指针式万用表检测发光二极管时,应采用的电阻挡为( )。

　　A.*R*×10　　　　　　　　　　　　　B.*R*×100

　　C.*R*×1 k　　　　　　　　　　　　D.*R*×10 k

4.万用表电阻挡 *R*×1k 档测量二极管时,交换表笔测得两次的阻值均为 0 Ω,则说明该二极管为( )。

　　A.断路　　　　　　　　　　　　　B.开路

　　C.击穿　　　　　　　　　　　　　D.正常

5.如图 4.29 所示,一个管体上标有"9018"等字样的三极管,现在将平面正对读者,管脚朝下,则从左到右,3 个管脚分别对应三极管的( )极。

　　A.c、b、e

　　B.c、e、b

　　C.e、b、c

　　D.b、c、e

图 4.29

三、判断题

1.如图 4.30 所示,银白色环用来表示二极管的负极。　　　　　　　　( )

2.有人在测一个二极管的反向电阻时,为使表笔和管子接触好一些,他用手把两端捏紧,结果发现管子的反向电阻比较小,因此他认为该二极管不合格。　　( )

3.如图 4.31 所示用万用表初步检查二极管的性能,其方法是错误的。　　( )

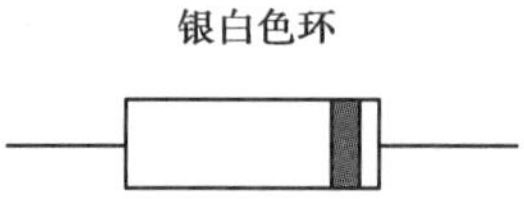

银白色环

图 4.30 　　　　　　　　　　　　图 4.31

4.用万用表测得三极管的任意两极间的电阻均很小,说明该管的两个 PN 结均开路。

( )

4.3　稳压电路

常见的稳压电路有并联式、串联式和开关式稳压电路等。串联式稳压电路主要由电源变压器、整流电路、滤波电路和稳压电路组成,如图 4.32 所示。

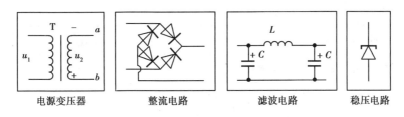

图 4.32 串联式稳压电路的组成部分

串联式稳压电路各组成部分的作用见表 4.12 所示。

表 4.12 串联式稳压电路各组成部分的作用

组成部分	作　用
电源变压器	将电网供给的交流电压变换为符合整流电路需要的交流电压
整流电路	将变压器次级电压变换为单向脉动直流电压
滤波电路	将脉动的直流电压变换为平稳的直流电压
稳压电路	将直流输出电压稳定

4.4.1　稳压二极管稳压电路

利用稳压二极管可以构成简单的直流稳压电路,一般小功率稳压管的最大稳定电流只有十几毫安至几十毫安,因此不能适应负载较大电流的需要。

【做一做】

(1)按图 4.33 所示连接电路。

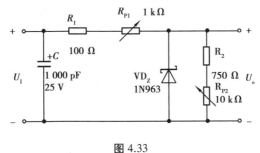

图 4.33

(2)电路检查正确无误后,送入 16 V 直流电。

(3)调节 R_{P1} 的阻值分别为 1 kΩ、750 Ω、500 Ω、200 Ω、0 Ω,调节电位器 R_{P2} 从 0 Ω 至最大值,用万用表观察稳压二极管两端输出电压。

(4)将测试结果填入表 4.13。

表 4.13　稳压二极管稳压电路

调节 R_{P1} 的阻值	1 kΩ	750 Ω	500 Ω	200 Ω	0 Ω
调节 R_{P2} 的阻值,记录输出电压变化范围					
调试中出现的故障及排除方法					

【友情提示】

　　稳压二极管稳压电路的优点:电路十分简单,安装容易,可以供要求不高的负载使用;缺点:电路输出电流受稳压二极管最大稳定电流的限制。由于一般小功率稳压二极管的最大稳定电流只有十几毫安至几十毫安,因此不能供较大电流的负载使用。

4.3.2　三端集成稳压电路

　　三端集成稳压器是利用半导体集成工艺,把基准电压、取样电路、比较放大电路、调整管及保护电路等元件集中在一小片硅片上。该器件内部设置有过流保护、芯片过热保护及调整管安全工作保护电路,它具有体积小、稳定性高、性能指标好等优点,广泛应用于各种电子设备的电源部分。

　　集成稳压器有 3 个引脚,分别为输入端、输出端和公共引出端,因而称为三端集成稳压器。按输出电压是否可调,三端集成稳压器可分为固定式和可调式两种。

1) 三端固定式集成稳压器

　　三端固定式集成稳压器主要有 78XX 系列(输出正电压)和 79XX 系列(输出负电压)。型号中 78/79 前一般都有字母,代表生产厂家或某种标准,如 CW78XX,其中 C 表示国标,W 表示稳压器;78/79 后面两位数字通常表示输出电压的大小。CW78XX 和 CW79XX 系列的输出电压不能调节,为固定值。

　　(1)命名方法

　　三端固定式集成稳压器的名称主要由生产厂家代号、产品系列、输出电流和输出电压 4 部分组成,例如:

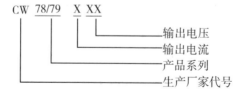

　　78XX 系列、79XX 系列固定输出三端集成稳压器的说明如表 4.14 所示。

表 4.14 78XX 系列、79XX 系列三端集成稳压器说明

类 别	说 明	实 例
生产厂家代号	C、CW:国产稳压器件 LM:美国国家半导体公司	例如: CW7809 为国产输出 +9 V,输出电流为 1.5 A 的三端稳压器; CW79L12 为国产输出电压为 -12 V,输出电流为 0.1 A 的三端稳压器; LM7912 为美国国家半导体公司生产,输出电压为 -12 V,输出电流为 1.5 A 的三端稳压器
产品系列	78XX:输出正电压 79XX:输出负电压	
输出电流	用一个字母表示,L,N,M,T,H,P 分别表示 0.1,0.3,0.5,3,5,10 A,无字母时为 1.5 A	
输出电压	用两位数字表示,数字是多少就表示输出多少伏,如 05,09,12,18 分别表示 5,9,12,18 V	

(2)外形与引脚排列

78XX 系列、79XX 系列的外形与引脚排列如图 4.34 所示。

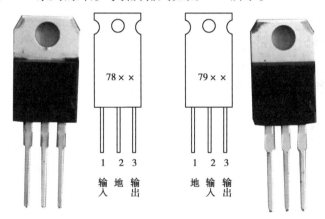

图 4.34 78XX 系列、79XX 系列的外形与引脚

78XX 系列第 1 脚为输入端 U_I,第 2 脚为公共端(地)GND,第 3 脚为输出端 U_o;79XX 系列第 1 脚为公共端(地)GND,第 2 脚为输入端 U_I,第 3 脚为输出端 U_o。

(3)典型应用电路

78XX 系列、79XX 系列的典型应用电路如图 4.35 所示,注意区分。

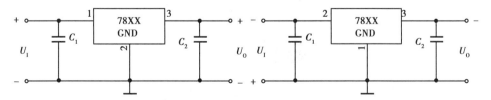

图 4.35 78XX 系列、79XX 系列的典型应用电路

（4）实例

由 CW78XX 系列组成的固定输出单电源电路如图 4.36 所示。

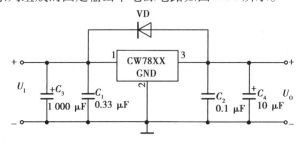

图 4.36　CW78XX 系列组成的基本电路

输出电压和最大电流取决于所选三端稳压器。图中 C_1 用于抑制电路产生的自激振荡并减小纹波电压，电容 C_2 用于消除输出电压中的高频噪声，C_1 和 C_2 通常取小于 $1\ \mu F$ 的电容。为减小低频干扰，常在 C_2 两端并联 $10\ \mu F$ 左右的电解电容 C_4。但是 C_2 容量较大，一旦输入端断开，C_2 将从稳压器输出端向稳压器放电，易使稳压器损坏。因此，在稳压器输入端和输出端之间跨接一只二极管 VD。

2）三端可调式集成稳压器

三端可调式集成稳压器的输出电压可调，且精密度高，输出纹波小，只需外接一个固定电阻和一个可调电阻，即可获得可调的输出电压。

（1）命名方法

三端可调式集成稳压器名称主要包含生产厂家代号、产品类别、产品系列和输出电流 4 部分。命名方法如下：

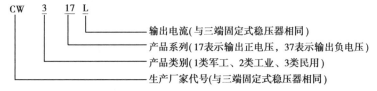

例如：CW317L 表示国产民用的输出正电压、输出电流为 0.1 A 的三端可调式稳压器。

LM337 表示美国国家半导体公司生产的输出负电压、输出电流为 1.5 A 的三端可调式稳压器。

（2）外形与引脚排列

三端可调式集成稳压器的引脚排列如图 4.37 所示。

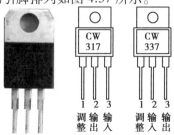

图 4.37　三端可调式集成稳压器引脚排列

3 个接线端分别为输入端、输出端和调整端。CW317 的第 1 脚为调整端,第 2 脚为输出端,第 3 脚为输入端;CW337 的第 1 脚为调整端,第 2 脚为输入端,第 3 脚为输出端。

(3)典型应用电路

三端可调式集成稳压器典型应用电路如图 4.38 所示。

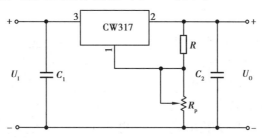

图 4.38　三端可调式集成稳压器典型应用电路图

(4)实例

图 4.39 所示为典型 CW317 构成的基本电路。

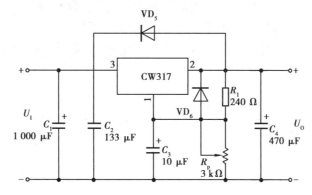

图 4.39　CW317 组成的基本电路

此电路输出电压为

$$U_O = 1.25\left(1 + \frac{R_P}{R_1}\right)$$

式中,1.25 表示 CW317 的内部基准电压为 12.5 V,改变 R_P 的阻值就可以改变输出电压范围。输出电压为 1.2~37 V,最大输出电流 I_L 为 1.5 A。图 4.39 中各元件的作用如表 4.15 所示。

表 4.15　CW317 组成的基本电路各元件作用

编　号	作　用	编　号	作　用
C_2	抑制高频干扰	CW317	三端可调式集成稳压器
C_3	提高稳压电源纹波抑制比, 减小输出电压中纹波电压	R_1、R_P	调整电路、调节输出电压
C_1、C_4	防止电路自激振荡	VD_5、VD_6	保护 CW317 三端集成稳压器

思考与练习

一、填空题

1.直流稳压电源是一种当交流电网电压发生变化或_____变动时,能保持_____电压基本稳定的直流电源。

2.三端固定式集成稳压器常用的有_____和_____两个系列。CW7812 表示输出_____的电压,CW7912 表示输出_____的电压。

3.CW317L 是国产民用品,输出_____电压,电流为_____A。

二、判断题

1.集成稳压器组成的稳压电源输出的直流、电压是不可调节的。   (   )

2.三端集成稳压器 CW7909 正常工作时,输出的电压是+9V。   (   )

3.直流稳压电源是一种将正弦信号转换为直流信号的波形变换电路。   (   )

三、问答题

图 4.40 为三端可调集成稳压器,U_1 为 40 V,R_P 为 24 Ω,其他参数如图所示,计算输出电压。

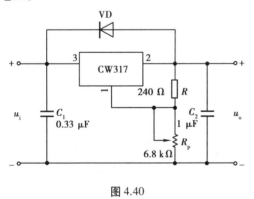

图 4.40

【本章小结】

1.二极管由 1 个 PN 结构成,具有单向导电性。

2.二极管的特性可用伏安特性曲线来描述,二极管的伏安特性分为正向特性和反向特性。

3.利用二极管的单向导电性可以组成各种整流电路,并实现整流功能。

4.滤波电路可分为电容滤波、电感滤波和复式滤波器。

5.放大电路中的放大本质是能量的控制和转换。能控制和转换能量的元器件是三极管等有源器件。

6.三极管在发射结正偏、集电结反偏的外部条件下,具有电流放大作用,其各极电压、电流之间的关系可以用三极管的输入、输出特性曲线来描述。

7.根据不同的工作状态,三极管有截止区、放大区、饱和区和过损耗区,β、I_{CEO}、I_{CM}、P_{CM}、U_{CEO}是三极管的主要参数。

8.衡量放大电路主要性能的指标有电压放大倍数 A_U、输入电阻 r_i、输出电阻 r_o。

9.在直流稳压电源中,稳压电路位于滤波电路之后。

10.硅稳压二极管稳压电路的优点是电路简单,但输出电压不能任意调节,当负载变动时,稳压精度不高,输出电流不大。电路依靠稳压二极管的电流调节作用和限流电阻的调压作用,使得输出电压稳定。

11.三端集成稳压器目前已广泛应用于稳压电源中,它仅有输入端、输出端和公共端3个引出端,使用方便,稳定性好。CW78XX(CW79XX)系列是固定式稳压器,CW317(CW337)为可调式稳压器。

第 5 章　集成运算放大器及其应用

5.1　集成运算放大器简介

　　将电子电路中的运算电路和连线集成在同一芯片上,就制成了集成电路,也就是集成运算放大器。集成运算放大器是模拟集成电路中应用最为广泛的一种,实际上它是一种高增益、高电阻输入和低电阻输出的多级直接耦合放大器,之所以被称为运算放大器是因为该器件最初主要被用于模拟计算机中实现数值运算的缘故。集成运算放大器常用于对模拟信号进行运算和放大的电路中。图 5.1 展示了集成运算放大器 LM258 的外形,图 5.2 展示了运算放大器实物的实际应用电路。

图 5.1　集成运算放大器 LM258 的外形

图 5.2　运算放大器实物的实际应用电路

【学习目标】

　　● 了解集成运算放大器的电路结构及抑制零点漂移的方法,理解差模与共模、共模抑制比的概念;掌握集成运算放大器的符号及器件的引脚功能。

　　● 了解集成运算放大器的主要参数,理想集成运算放大器的特点。

　　● 能识读由理想集成运算放大器构成的常用电路,会估算输出电压值。

　　● 了解集成运算放大器的使用常识,会安装和使用集成运算放大器组成的应用电路。

　　● 理解反馈的概念,了解负反馈应用于放大器中的类型。

5.1.1　集成运算放大器的组成及特点

1)集成运算放大器的组成

(1)组成

目前市场上的集成运算放大器种类繁多,电路也不尽相同,但是它们的内部结构都有着相同之处,一般的内部组成框图如图5.3所示。

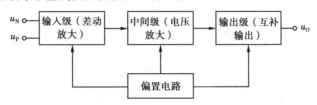

图5.3　集成运算放大器的内部组成框图

集成运算放大器内部主要由输入级、中间级、输出级、偏置电路4个部分组成。4个部分的构成和作用各不相同,如表5.1所示。

表5.1　运算放大器组成部分及作用

组成部分	构　　成	作　　用
输入级	由双端输入的差动放大电路构成	减小运算放大器的零漂和其他方面的性能
中间级	由多级放大器构成	获得高的电压增益,对输入信号起放大作用
输出级	由电压跟随器或互补电压跟随器组成	降低输出电阻,提高带负载能力和输出功率
偏置电路	一般由恒流源(电流源)电路组成	为各级提供合适的工作点及能源

除了上述组成之外,为了获得集成运算电路性能的优化,集成运算放大器内部还增加了一些辅助环节,如电平移动电路、过载保护电路和频率补偿电路等。

集成运算放大器的外形和电路符号如图5.4所示。

（a）符号　　　　　　　　　　　　　　　　　　（b）外形

图5.4　集成运算放大器的外形和符号

集成运算放大器有两个输入端(分别称为同相输入端u_P,反相输入端u_N)和一个输出端u_O。其中的"−""+"分别表示反相输入端u_N和同相输入端u_P。实际运算放大器还必须有正、负电源端,以及补偿端和调零端,在实际应用中必须进行正确的连接,但在简化符号中,电源端、调零端等都不画。

(2)集成运算放大器引脚识别

集成运算放大器种类繁多,外观不尽相同,在使用时要能够正确识别集成运算放大器的引脚,才能正确地连接电路。集成运算放大器的一般引脚识别图如图5.5所示。

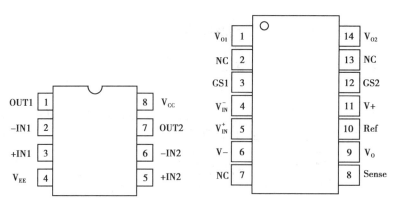

图 5.5　集成运算放大器引脚图

集成运算放大器上面一般有图 5.5 所示的凹形或者圆点,凹槽或者圆点左边开始为第 1 引脚,然后逆时针旋转,依次是第 2 引脚、第 3 引脚……根据这个引脚识别规律就能正确判断出集成运算放大器的引脚顺序,从而实现正确的电路连接。

2)集成运算放大器的特点及应用

(1)特点

在使用集成运算放大器时,需先了解集成运算放大器的特点,这样才能正确使用集成运算放大器。集成运算放大器的特点如表 5.2 所示。

表 5.2　集成运算放大器的特点

输入电阻	大,有几千欧至百万兆欧[姆]
输入电压	为 0 时,输出电压也为 0,适用于正、负两种极性信号的输入和输出
输出电阻	小,一般只有几十欧[姆]
共模抑制比	高,可高达 60~170 dB
增益	高,可高达 60~180 dB
失调与漂移	小

(2)零点漂移的抑制

集成运算放大器内部需要抑制零点漂移。零点漂移,简称“零漂”,是指当放大电路输入信号为零时,由于受温度变化、电源电压不稳等因素的影响,静态工作点发生变化,并被逐级放大和传输,导致电路输出信号偏离静态值(相当于交流信号零点)而上下飘动的现象。解决零漂最有效的方式就是使用差动放大电路。

5.1.2　集成运算放大器的特性及参数

集成运算放大器的参数选择是否正确、合理是使用运算放大器的基本依据,因此了解其各项性能参数是十分必要的,集成运算放大器的主要参数如表 5.3 所示。

表 5.3　集成运算放大器的主要参数

参数名称	定　义	理想值
开环差模电压放大倍数 A_{ud}	集成运算放大器在开环情况下的空载电压放大倍数,即 $A_{ud}=\Delta u_O/$ ($\Delta u_P-\Delta u_N$)	无穷大
共模抑制比 K_{CMR}	K_{CMR} 是集成运算放大器的开环差模电压放大倍数和开环共模电压放大倍数之比,即 $K_{CMR}=A_{ud}/A_{uc}$ 。它是衡量输入级差动放大器对称程度以及表征集成运算放大器抑制共模干扰信号能力的参数	无穷大
差模输入电阻 r_{id}	r_{id} 是差模信号输入时,输入电压与输入电流之比	无穷大
开环输出电阻 r_o	r_o 指不外接反馈电路时运算放大器输出端的对地电阻	0

根据表 5.3 中的各项参数的定义可以计算出各个参数,忽略外界条件以及元件本身的特点可以得出各项参数的理想值(在实际应用中可能也会使用到理想值)。表 5.3 提及的开环是指不带任何反馈电路的情况,共模信号是指在两个输入端加上的幅度相等、极性相同的信号。差模信号是指在两个输入端加上幅度相等、极性相反的信号。

共模信号和差模信号如图 5.6 所示。

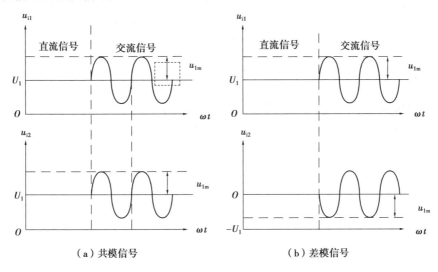

（a）共模信号　　　　　　　　　　（b）差模信号

图 5.6　共模信号和差模信号示意图

集成运算放大器参数的分析主要有虚短和虚断两个重要依据。

1）虚短

在集成运算放大器的应用电路中,一般都将反馈电路接成负反馈放大器(负反馈将在下一节介绍),使集成运算放大器工作在线性区,输出电压应该与输入的差模电压成线性关系,即 $u_O=(u_P-u_N)A_{ud}$,由于 u_O 为有限值,且理想运算放大器 $A_{ud}=\infty$,因此 $u_P-u_N=0$,即

$$u_P=u_N$$

上式表明:运算放大器两输入端的电位相等,但是由于它们并没有真正连接在一起,

所以称为"虚短"。

2) 虚断

因为理想运算放大器 $r_{id} = \infty$，而输入电压总为有限值，所以两个输入端的电流均为 0，即

$$i_P = i_N = 0$$

上式表明：运算放大器两输入端的电流均为 0，相当于开路，但实际上并未真正开路，所以称"虚断"。

"虚短"和"虚断"会在后面的实际应用中用到，所以应认真理解二者的概念。

【思考与练习】

一、填空题

1.集成运算放大器的输入级采用差动放大电路是因为可以_____。

2.差模信号是指在两输入端加上幅度_____、极性_____的信号。

3.运算放大器输入级常用双端输入的差动放大电路，一般要求输入电阻_____，差模放大倍数_____，抑制共模信号的能力_____，开环输出电阻_____。

4.解决零点漂移最有效的措施是输入级采用_____。

二、判断题

1.对集成运算放大器输入级的要求是尽可能高的电压放大倍数。　　　　　（　　）

2."虚短"就是两点并不真正短接，但具有相等的电位。　　　　　　　　（　　）

3."虚断"是指该点与接地点等电位。　　　　　　　　　　　　　　　　（　　）

三、问答题

1.请简述集成运算放大器的组成及各组成的作用。

2.请简述集成运算放大器引脚的识别。

3.什么是零点漂移？解决零点漂移的有效措施是什么？

4.集成运算放大器的理想条件是什么？

5.2 　反　馈

集成运算放大器在实际使用时总要引入反馈,因为集成运算放大器在开环时,一般不能用于线性放大(输入很小时,输出已达很大,超出输出最大电压),并且由于外界干扰,工作难以稳定,所以在实际应用中要引入反馈。

5.2.1　反馈类型及判断

1)反馈的定义

在放大电路中,将输出端信号(电压或电流)的一部分或者全部送回到输入端,与输入信号叠加后再送入放大器,称为反馈。反馈放大电路的一般组成框图如图 5.7 所示。

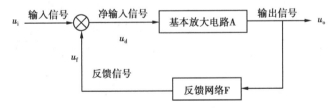

图 5.7　反馈放大电路框图

从图 5.7 中可以看出,输入信号经过基本放大电路放大后产生输出信号,反馈网络接到输出信号上,将输出信号引回输入端,与输入信号进行叠加,再送入基本放大电路中。

在实际电路应用中判断是否有反馈,首先要找到是否有反馈元件,任何同时连接着输入和输出回路的元件都是反馈元件。所以可以通过直接观察电路的方法很快辨认出反馈元件。在三极管构成的放大器中,发射极电阻也是反馈电阻。

例 5.1　在图 5.8 中找出反馈元件。

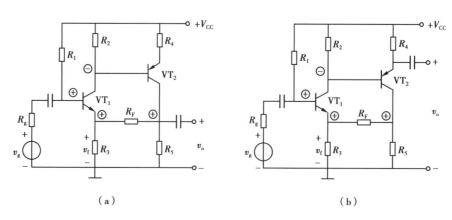

（a） （b）

图 5.8 例 5.1 图

【分析】反馈元件同时连着输入和输出回路,且三极管发射极电阻是反馈元件。

解:在图 5.8(a)中可以看出 R_F 连着输出端,且与三极管 VT_1 相连,同时连着输入和输出回路,所以 R_F 是反馈元件,三极管发射极电阻也是反馈元件,所以 R_3 和 R_5 也是反馈元件。在图 5.8(b)中可以看出 R_F 连着三极管 VT_2 发射极输出端,且与三极管 VT_1 相连,同时连着输入和输出回路,所以 R_F 是反馈元件,三极管发射极电阻也是反馈元件,所以 R_3 和 R_5 也是反馈元件。

2)反馈的种类及判断

电路中,反馈大致可以分为三大类:①根据反馈信号与输入信号极性的异同分为正反馈和负反馈。②根据反馈网络与输入端的连接方式不同,分为串联反馈和并联反馈。③根据反馈网络在输出端的取样点不同分为电压反馈和电流反馈。下面依次介绍几种反馈的定义及判定方法。

（1）正反馈和负反馈

电路中,正、负反馈的定义及判定方法如表 5.4 所示。

表 5.4 正、负反馈的定义及判定

定义	根据反馈信号对输入信号的影响,可以将反馈分为正反馈和负反馈。若引回的信号削弱了输入信号,这种反馈称为负反馈;若引回的信号增强了输入信号,这种反馈称为正反馈。这里所说的信号一般是指交流信号,所以判断正负反馈,就需要判断反馈信号与输入信号的相位关系,同相是正反馈,反相是负反馈
判定	正、负反馈的判定方法是:首先假定输入信号在某一时刻的极性,然后逐级判断电路中各个相关点的电流流向与电压的极性,从而得到输出信号的极性,根据输出信号的极性判断出反馈信号的极性,若反馈信号和原来假定的极性相同,就是正反馈;若反馈信号和原来假定的极性相反,就是负反馈

正反馈常用于振荡电路中,用以产生交流信号;负反馈常用于放大器中,用以改善放大器的性能。

下面根据正、负反馈的定义及判断方法来判断电路中反馈的类型。

例5.2　如图5.9所示,请判断反馈电阻 R_f 构成的是正反馈还是负反馈。

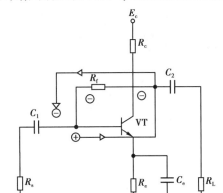

图5.9　例5.2图

【分析】要判断正、负反馈先假定输入信号的极性。看反馈回来的信号的极性与输入信号的极性是否相同。

解:假定输入电压瞬时极性为正,则集电极为负,而通过 R_f 反馈回三极管基极为负,由于反馈信号与假定的输入信号相反,所以 R_f 是负反馈电阻。

例5.3　如图5.10所示,请判断反馈电阻 R_3 构成的是正反馈还是负反馈。

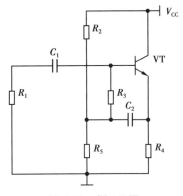

图5.10　例5.3图

【分析】要判断正、负反馈先假定输入信号的极性。看反馈回来的信号的极性与输入信号的极性是否相同。

解:假定输入电压瞬时极性为正,则发射极电压极性为正,而通过 R_3 反馈回三极管基极为正,由于反馈信号与假定的输入信号相同,所以 R_3 是正反馈电阻。

【友情提示】

1.对于三极管构成的放大器而言,如果反馈信号反馈到发射极,则与基极同极性时是负反馈,与基极信号反极性时是正反馈。

2.在三极管放大器中,发射极电阻也是负反馈电阻。

（2）并联反馈和串联反馈

电路中串、并联反馈的定义及判定方法如表 5.5 所示。

表 5.5　串、并联反馈的定义及判定

定义	根据放大器输入端与反馈网络连接方式的不同,反馈可以分为并联反馈和串联反馈。并联反馈是反馈信号与输入信号并联的反馈,可减小放大器的输入电阻;串联反馈是反馈信号与输入信号串联的反馈,可增大放大器的输入电阻
判定	反馈元件直接接在信号输入线上的是并联反馈;反馈元件不直接接在信号输入线上的是串联反馈

串、并联反馈的一般框图形式如图 5.11 所示。

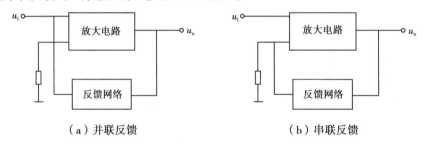

（a）并联反馈　　　　　　　　（b）串联反馈

图 5.11　串、并联反馈的框图形式

从图 5.11 中可以看出,反馈网络直接接在输入线上的是并联反馈,反馈网络不直接接在输入线上的是串联反馈。串、并联反馈可以根据图 5.11 中串、并联反馈示意图来判断。

下面根据串、并联反馈的定义及判断方法来判断电路中反馈的类型。

例 5.4　如图 5.12 所示,请判断反馈电阻 R_5 是串联反馈还是并联反馈。

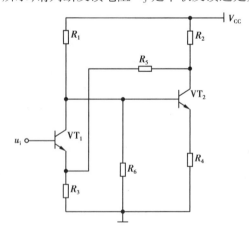

图 5.12　例 5.4 图

【分析】要判断串、并联反馈,首先找到反馈元件,然后判断其是否是直接接在信号输入线上的。

解:R_5 与三极管 VT_1 的发射极相连,信号输入线接在 VT_1 的基极上。R_5 没有直接接在信号输入线上,所以电阻 R_5 是串联反馈电阻。

例 5.5　如图 5.13 所示,请判断反馈电阻 R_6 是串联反馈还是并联反馈。

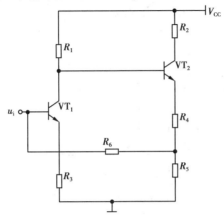

图 5.13　例 5.5 图

【分析】要判断串、并联反馈,首先找到反馈元件,然后判断其是否是直接接在信号输入线上的。

解:R_6 与三极管 VT_1 的基极相连,信号输入线接在 VT_1 的基极上,直接接在信号输入线上,所以电阻 R_6 是并联反馈。

（3）电压反馈和电流反馈

电路中电压、电流反馈的定义及判定方法如表 5.6 所示。

表 5.6　电压、电流反馈的定义及判定

定义	反馈根据在输出端的取样点不同,可分为电压反馈和电流反馈。电压反馈是反馈信号大小正比于输出电压的反馈,能够减小输出电阻,稳定输出电压;电流反馈是反馈信号大小正比于输出电流的反馈,能够增大输出电阻,稳定输出电流
判定	反馈信号如果是直接取于输出线上的则是电压反馈;如果反馈信号不是直接取于输出线上的则是电流反馈

电压、电流反馈的一般框图形式如图 5.14 所示。

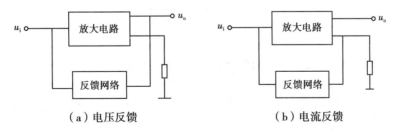

（a）电压反馈　　　　　　　　　（b）电流反馈

图 5.14　电压、电流反馈的框图形式

从图 5.14 中可以看出,反馈网络的反馈信号直接接在输出线上的是电压反馈,反馈网络信号不是接在输出线上的是电流反馈。串、并联反馈可以根据图 5.14 中电压、电流反馈的框图形式来判断。

下面根据电压、电流反馈的定义及判断方法来判断电路中反馈的类型。

例 5.6 如图 5.15 所示,请判断电阻 R_6 和 R_7 是电压反馈还是电流反馈。

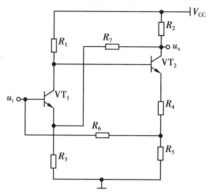

图 5.15 电压、电流串联判断

【分析】要判断电压、电流反馈,首先找到反馈信号,然后判断其是否是直接取于输出线上的。

解:R_7 接电压输出端,是直接接在输出线上,所以 R_7 是电压反馈。R_6 没有接电压输出端,不是直接接在输出线上,所以 R_6 是电流反馈。

例 5.7 图 5.16 所示为两极直接耦合放大器,试在图中找出反馈元件并判断反馈类型。

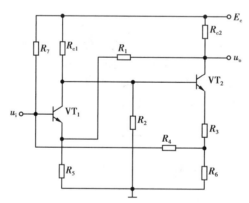

图 5.16 两极直接耦合放大器

【分析】①找出反馈元件,要知道反馈的概念。要注意的是反馈回三极管发射极也是反馈。

②反馈共有三类:正、负反馈,串、并联反馈,电压、电流反馈。根据它们的定义及判定方法即可判定出反馈的类型。

解:①电阻 R_1 接在 VT_1 的发射极,R_1 是反馈电阻,R_3 和 R_6 接在 VT_2 发射极,R_3 和 R_6 也是反馈电阻,R_4 接在 VT_1 基极是反馈电阻,R_5 接在 VT_1 发射极是反馈电阻。所以反馈

电阻有 R_1、R_3、R_4、R_5、R_6。

②设输入信号为正,则 VT_1 集电极信号为负,发射极信号为正,VT_2 基极信号为负,集电极信号为正,发射极信号为负。

R_1 反馈信号为正,与发射极信号相同为负反馈,没有直接与信号输入相连,为串联反馈,反馈信号直接取于输出线上故为电压反馈,所以 R_1 是电压串联负反馈。

R_3、R_5、R_6 直接接在发射极上是负反馈,没有直接与输入信号相连,为串联反馈,反馈信号不直接取于输出线上故为电流反馈,所以 R_3、R_5、R_6 是电流串联负反馈。

R_4 反馈信号为负,与输入信号极性相反,为负反馈,直接与输入信号相连,为并联反馈,反馈信号不直接取于输入线上故为电流反馈,所以 R_4 是电流并联负反馈。

5.2.2 反馈对放大器的影响

放大器采用正反馈以后会产生自激振荡,输入信号得不到线性放大,输出信号就会失真,所以一般放大电路中不会引入正反馈,正反馈主要应用在振荡电路中。因此在放大电路中主要讨论负反馈。

电路中引入负反馈后,将改变放大器的工作状态,直接影响放大器的性能,其主要影响具体讨论如下。

(1)降低放大倍数,提高增益稳定性

开环放大倍数 A:在未接入反馈之前,电路未形成闭合回路时的放大倍数。这时输入信号 X_i 等于净输入信号 X_i'(X_i' 是输入信号与反馈信号的差值),开环放大倍数可表示为

$$A = \frac{X_o}{X_i'}$$

反馈系数 F:接入负反馈后,反馈信号 X_f 与输出信号 X_o 之比,即

$$F = \frac{X_f}{X_o}$$

闭环放大倍数 A_f:引入负反馈后,环路闭合后的输出信号与输入信号之比,即

$$A_f = \frac{X_o}{X_i} = \frac{X_o}{X_i' + X_f} = \frac{1}{\dfrac{X_i'}{X_o} + \dfrac{X_f}{X_o}} = \frac{1}{\dfrac{1}{A} + F} = \frac{A}{1 + AF}$$

结论:引入负反馈后,放大器的闭环放大倍数降低了,且降低为原放大倍数的 $\dfrac{1}{1+AF}$。

当 $AF \gg 1$ 时,$A_f = \dfrac{1}{F}$,说明闭环放大倍数仅与反馈系数有关。由于反馈环节一般是由线性元件构成的,性能稳定,因此闭环放大倍数稳定。

(2)减小非线性失真

在负反馈放大电路中,净输入信号 v_i' 是输入信号 v_i 与失真输出信号的反馈量 v_f 之差,净输入信号 v_i' 的波形与原输出失真信号的畸变方向相反,从而使放大器的输出信号波形得以改善,减小了非线性失真。引入反馈前和引入反馈后的图形如图 5.17 和图 5.18 所示。

图 5.17　开环输入、输出图形

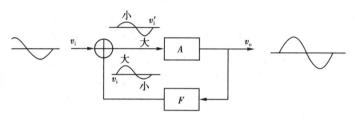

图 5.18　引入反馈的输入、输出图形

根据图 5.17 和图 5.18 可以看出,在开环条件下输出波形失真较大,引入闭环负反馈后输出波形失真明显减小。由此可见负反馈可以减小非线性失真。

（3）展宽频带

放大器引入负反馈后,在中频区,放大器的放大倍数下降多;在高、低频区,放大倍数下降得少,放大器的幅频特性变得平坦,上限频率由 f_H 移至 f_{Hf},下限频率由 f_L 移至 f_{Lf},如图 5.19 所示。

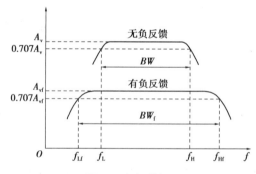

图 5.19　频带图

（4）对输入输出电阻的影响

串联负反馈使放大器输入电阻增大,并联负反馈使放大器输入电阻降低。电压负反馈使放大器的输出电阻降低,电流负反馈使放大器的输出电阻增大。负反馈连接方式对输入、输出电阻的影响见表 5.7。

表 5.7　负反馈对输入电阻 r_i、输出电阻 r_o 的影响

电阻类型	串联反馈	并联反馈	电压反馈	电流反馈
r_i	提高	降低	稳定	稳定
r_o	稳定	稳定	降低	提高

5.2.3　集成运算放大器应用注意事项

集成运算放大器具有稳定性好、电路计算容易、成本低等优点,因而被广泛应用于各个领域,在使用集成运算放大器时也有很多注意事项。

1) 输入保护

为了防止由于集成运算放大器输入电压过高而引起的运算放大器损坏,需在运算放大器输入端输入保护电路,如图 5.20 所示。

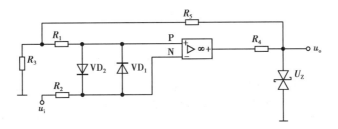

图 5.20　输入保护电路

由图 5.29 可知,两个二极管 VD_1、VD_2 和电阻 R_1 构成了限幅电路,这样,运算放大器的输入电压的幅度被限制在二极管的正向导通压降内,有效地防止了差模信号过大的现象出现。

2) 输出保护

为了防止集成运算放大器输出端接到外部过高的电压上时造成运算放大器损坏,需在输出端引入输出保护电路,如图 5.23 所示。

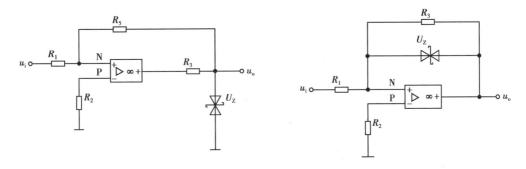

图 5.21　输出保护电路

从图 5.23 可以看出,输出保护电路有两种方式,即双向稳压管与输出电压并联,双向稳压管与反馈电阻并联。

3) 电源端反接保护

电源端反接保护电路如图 5.22 所示。其原理是利用二极管的单向导电性构成电源端保护电路。一旦电源接反,二极管 VD_1、VD_2 反向截止,切断电源,而电源极性连接正确时二极管正偏,从而保护集成运算放大器不受损坏。

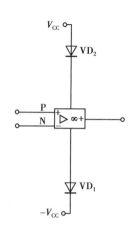

图 5.22　电源端反接保护电路

集成运算放大器的其他应用注意事项如表 5.8 所示。

表 5.8　集成运算放大器的应用注意事项

管脚辨认	认清集成管脚,以便正确连接
测量好坏和参数	用万用表的 $R\times100\ \Omega$ 或 $R\times1k\ \Omega$ 挡,对照集成电路手册测试其好坏,必要时采用相应设备测量主要参数
调　零	对于内部无自动稳零措施的运算放大器集成电路,需要外加调零电路,使之在零输入时输出为零。调零必须在闭环条件下进行
加合适的偏置	对于单电源供电的运算放大器,有时需要在输入端加直流偏置电压,设置合适的静态输出电压,以便能放大正、负两个方向的信号
退耦和消振	为防止电路产生自激振荡,应在集成运算放大器的电源端加上退耦电容,有的集成还需外接补偿电容
加保护措施	集成运算放大器输入电压过高、电源极性接反、输出端短路或过载等,均可能使运算放大器损坏,所以应采取一定的保护措施

在使用集成运算放大器时,要遵循以上注意事项,以免烧坏集成运算放大器,造成不良后果。

【思考与练习】

一、填空题

1.在放大电路中,将输出端信号(电压或电流)的一部分或全部引回输入端,与输入信号叠加后送入放大器,称为_____。

2.根据反馈信号对输入信号的影响,可以将其分为_____和_____。

3.根据放大器输入端与反馈网络的连接方式不同,可以分为_____

和_____。

4.根据反馈在输出端的取样点不同,可以分为_____和_____。

二、判断题

1.放大电路一般采用的反馈形式为负反馈。 （　　）

2. 集成运算放大器未接反馈电路时的电压放大倍数称为开环电压放大倍数。

（　　）

三、问答题

1.请简述正反馈和负反馈的判断方法。

2.在图 5.23 中找出反馈元件并判断其反馈类型。

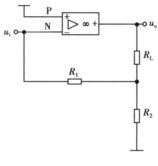

图 5.23

3.在图 5.24 中找出反馈元件并判断其反馈类型。

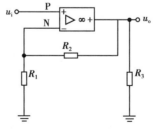

图 5.24

【本章小结】

1.集成运算放大器主要由输入级、中间级、输出级、偏置电路4个部分组成。

2.集成运算放大器具有如下特点:输入电阻很大;输入电压为0时,输出电压也为0,输出电阻很小;共模抑制比很高;增益高;失调与漂移小。

3.电路中反馈的类型及判断方法如表5.9所示。

表5.9 反馈的类型及判定方法

反馈类型	判定方法
正反馈	首先假定输入信号在某一时刻的极性,然后逐级判断电路中各个相关点的电流方向与电压的极性,从而得到输出信号的极性,根据输出信号的极性判断出反馈信号的极性,若反馈信号和原来假定的极性相同,就是正反馈,反之,就是负反馈
负反馈	
串联反馈	反馈元件直接接在信号输入线上的是并联反馈。反馈元件不直接接在信号输入线上的是串联反馈
并联反馈	
电压反馈	反馈信号如果是直接取于输出线上的反馈则是电压反馈,如果反馈信号是不直接取于输出线上的反馈则是电流反馈
电流反馈	

4.负反馈对放大器的影响:

①降低了放大倍数,提高了放大器的稳定性;

②减小了非线性失真;

③展宽了频带;

④改变了输入输出电阻。

5.利用"虚短""虚断"两种特性,可以很方便地分析各种运算放大器的应用电路。

第 6 章　数字电路入门

初学者学习电子技术,必须面对模拟电路和数字电路这两个基本电路。利用数字信号完成对数字量的算术运算和逻辑运算的电路称为数字电路。数字电路正逐步取代模拟电路,数字电子技术广泛应用于电视、雷达、通信、电子计算机、自动控制、航天等领域。

【学习目标】

- 了解数字信号的表示方法。
- 能进行二进制、十进制数之间的相互转换;了解 8421BCD 码的表示形式。
- 掌握与门、或门、非门基本逻辑门的逻辑功能,能根据要求合理选用集成门电路。
- 能够利用公式法对比较简单的逻辑函数化简。

6.1　数字信号与数字电路

6.1.1　数字信号

电子电路按照工作信号的不同可以分为两类。一类是幅度随时间连续变化的信号,称为模拟信号。例如速度、声音、压力、温度、磁场、电场、位移等物理量通过传感器转换后的电信号。模拟信号的波形图如图 6.1(a)所示。另一类是幅度随时间不连续变化的(离散的)信号,称为数字信号。数字信号的波形图如图 6.1(b)所示。

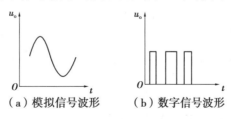

（a）模拟信号波形　　（b）数字信号波形

图 6.1　信号波形图

数字信号又称脉冲信号,常见的数字信号波形有矩形波、尖峰波、锯齿波、阶梯波等,如图 6.2 所示。数字电路中用到的脉冲波形通常为矩形波。

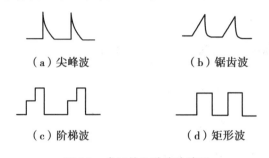

（a）尖峰波　　　　　　　（b）锯齿波

（c）阶梯波　　　　　　　（d）矩形波

图 6.2　常见的几种脉冲波形

6.1.2　数字电路

1）数字电路的概念

用来处理数字信号的电路称为数字电路,如脉冲信号的产生、放大、整形、传送、控制、计数等电路。

由于数字电路的工作信号是不连续的数字信号,反映在电路上只有高电平、低电平两种状态。为了分析方便,在数字电路中分别用 1 和 0 来表示高电平和低电平。

在数字电路中,二极管和三极管一般都是工作在开关电状态。

数字电路研究的是输出信号的逻辑状态与输入信号逻辑状态之间的关系。这种关系就是输出与输入之间的逻辑关系,即电路的逻辑功能,所以数字电路又称为数字逻辑电路。

【友情提示】

在实际的数字电路中,高电平通常在+3.6 V 左右,低电平通常在+0.3 V 左右。

用高电平对应 1、低电平对应 0 的关系称为正逻辑关系。用低电平对应 1、高电平对应 0 的关系称为负逻辑关系。本书中采用的都是正逻辑。

2）数字电路的特点

数字电路具有以下特点:

①数字电路结构简单,便于集成化、系列化批量生产。

②数字信号易于存储,便于长期保存。

③可靠性高,抗干扰能力强。

④数字集成电路通用性强,成本低。

⑤能实现逻辑运算和判断,便于实现各种数字控制。

模拟电路在电路中对信号的放大和削减是通过元器件的放大特性来实现的,而数字电路对信号的传输是通过开关特性来实现的。模拟电路可以在大电流、高电压下工作,而数字电路只是在低电压、小电流下工作,完成或产生稳定的控制信号。

3) 数字电路的分类

二极管、三极管、电阻器等元器件组成了最基本的数字电路。现在的数字电路一般都使用集成电路。数字电路的分类如表 6.1 所示。

表 6.1 数字电路的分类

分类方法	种 类	说 明
按集成度分	小规模集成电路(SSI)	100 个门以下,包括门电路、触发器
	中规模集成电路(MSI)	100~1 000 个门,包括计数器、寄存器、译码器、比较器等
	大规模集成电路(LSI)	1 000~10 000 个门,包括各类专用寄存器
	超大规模集成电路(VLSI)	10 000 个门以上,包括各类 CPU 等
按应用分	通用型	—
	专用型	—
按所用器件的制作工艺分	双极型(TTL 型)电路	—
	单极型(MOS 型)电路	—
按电路结构和工作原理分	组合逻辑电路	—
	时序逻辑电路	—

【阅读窗】

数字电路的发展

数字电路的主要元器件是开关元件,而早期的开关元件是电子管。20 世纪 40 年代末,晶体管问世并逐渐取代了电子管,并为集成电路的发展提供了工艺基础。20 世纪 50 年代末,集成电路开始出现,并且已由小规模、中规模发展到大规模和超大规模集成电路,其工作速度越来越快,耗电量越来越低,可靠性也越来越高。

【思考与练习】

一、填空题

1.用于传递、加工处理数字信号的电路,称作_____。

2.数字电路主要研究_____与_____信号之间的对应逻辑关系,所以数字电路又称为_____。

3.在正逻辑的约定下,"1"表示_____电平,"0"表示_____电平。

二、选择题

1.下列信号属数字信号的是(　　　)。

　　A.正弦波信号　　　　　B.时钟脉冲信号　　　　C.视频图像信号　　　D.音频信号

2.数字电路中的三极管工作在(　　　)。

　　A.饱和区　　　　　　　B.放大区　　　　　　　C.饱和区或截止区　　D.截止区

3.以下说法正确的是(　　　)。

　　A.数字信号在大小上不连续,时间上连续,模拟信号则反之。

　　B.数字信号在大小上连续,时间上不连续,模拟信号则反之。

　　C.数字信号在大小和时间上均不连续,模拟信号则反之。

　　D.数字信号在大小和时间上均连续,模拟信号则反之。

三、问答题

什么是数字信号? 什么是数字电路?

6.2　数制与二进制

6.2.1　数制

数制就是数的进位制,选取一定的进位规则,用多位数码来表示某个数的值,叫作数制。按照进位关系的不同,数制就有不同的计数体制。常用的数制有十进制、二进制、八进制和十六进制等。

人们习惯使用的是十进制数,但是十进制数有0、1、2、3、4、5、6、7、8、9 10 个数码,要区分开必须有 10 个不同的电路状态与之相对应,实现起来比较困难,因此在数字电路中广泛采用二进制。

6.2.2　二进制

1)二进制数

在二进制中采用 0 和 1 两个基本数码,运算规律为:逢二进一,借一当二。电路元件的截止与导通、输出电平的高与低均可以用 0 和 1 两个数码来表示。

二进制的运算规则简单,可方便地通过电路来实现。

2)二进制数的四则运算

$$0+0=0$$
$$0+1=1$$
$$1+0=1$$
$$1+1=10$$

例 6.1 计算 0010 1101 与 1011 1010 的和。

解:

```
   0010 1101
 +1011 1010
  1110 0111
```

6.2.3 二进制数与十进制数的转换

1)二进制数转成十进制数

把二进制数按权展开,再把每一位的位值相加,便可得到相应的十进制数。其中,"权"是指数制中每一固定位置对应的单位值。

例 6.2 将二进制数$(1011.11)_2$转化为十进制数。

解: $(1011.11)_2 = 1 \times 2^3 + 0 \times 2^2 + 1 \times 2^1 + 1 \times 2^0 + 1 \times 2^{-1} + 1 \times 2^{-2} = 11.75$

各数位的位权是2的幂

【经验分享】

由二进制数转换成十进制数的基本做法是:把二进制数首先写成加权系数展开式,然后按十进制加法规则求和。这种做法称为乘权相加法。

2)十进制整数转成二进制数

十进制整数转成二进制数采用除取余法,即把十进制整数逐次用 2 除取余数,一直除到商数为零,然后将先取出的余数作为二进制数的最低位数码。

例 6.3 将十进制数 13 转化为二进制数。

解:

```
         余数
2  13 … 1      ↑   低位
  2  6 … 0     │
    2  3 … 1   │
      2  1 … 1 │   高位
        0
```

所以$(13)_{10} = (1101)_2$

3）十进制小数转成二进制数

十进制小数转成二进制数采用乘基取整法，即把十进制小数连续乘以2，求得每次的整数部分，先得到的整数排在前面，后得到的整数排在后面，得到该数的二进制小数。

例6.4 将十进制数0.25转化为二进制数。

$$
\begin{array}{rl}
0.25 & \text{整数} \\
\times\ 2 & \\
\hline
0.50 & 0 \\
\times\ 2 & \\
\hline
1.00 & 1
\end{array}
$$

所以$(0.25)_{10} = (0.01)_2$

那么$(13.25)_{10} = (1101.01)_2$

【友情提示】

十进制数转为二进制数的方法是：整数部分采用"除2取余，逆序排列"法转换，该转换方法可推广到十进制与其他进制的转换，即"除取余法"。

【阅读窗】

码 制

在数字系统中，被处理的信息包括数字、文字以及其他的符号，这些信息也需要被转换为相应的二进制数码。这种二进制数码称为代码，代码的编制过程称为编码。由于数字电路处理的是二进制数据，而人们习惯使用十进制，所以就产生了用四位二进制数表示一位十进制数的计数方法，即用四位二进制代码来表示十进制的0—9 10个数字，这种用于表示十进制数的二进制代码称为二—十进制编码，简称BCD码。常用的BCD码有8421码、5421码、余3码等，表6.2列出了常用的BCD码。

表6.2 常用的BCD码

十进制	8421码	5421码	余3码	十进制	8421码	5421码	余3码
0	0000	0000	0011	6	0110	1001	1001
1	0001	0001	0100	7	0111	1010	1010
2	0010	0010	0101	8	1000	1011	1011
3	0011	0011	0110	9	1001	1100	1100
4	0100	0100	0111	位权	8421	5421	—
5	0101	1000	1000				

【思考与练习】

一、选择题

1.十进制整数转换为二进制数一般采用(　　　)。

　A.除 2 取余法　　　　B.除 2 取整法　　　　C.除 10 取整法　　　　D.除 10 取余法

2.十进制小数转换为二进制数一般采用(　　　)。

　A.除 2 取余法　　　　B.乘 2 取整法　　　　C.乘 10 取整法　　　　D.除 10 取整法

3.$(101010)_2$ 转换为十进制数为(　　　)。

　A.32　　　　　　　　B.38　　　　　　　　C.42　　　　　　　　D. 41

4.$(110.11)_2$ 转换为十进制数为(　　　)。

　A.6.55　　　　　　　B.6.75　　　　　　　C.6.45　　　　　　　D.6.87

5.$(21)_{10}$ 转换为二进制数为(　　　)。

　A.1010　　　　　　　B.11010　　　　　　　C.1110　　　　　　　D.10101

6.$(125)_{10}$ 转换为二进制数为(　　　)。

　A.111111　　　　　　B.1111101　　　　　　C.1100111　　　　　　D.1010111

二、分析计算题

1.把下列二进制数转换为十进制数。

　(1)$(101.11)_2$　　　　(2)$(101011)_2$

2.把下列十进制数转换为二进制数。

　(1)$(136)_{10}$　　　　(2)$(13.375)_{10}$

6.3　逻辑门电路

　　逻辑门电路是用来实现一定逻辑关系的电子电路,简称门电路,它是组成数字电路最基本的单元。所谓"逻辑"关系,是指事物的条件与结果之间的关系。数字电路的逻辑关系就是输出信号与输入信号之间的关系。按照逻辑功能的不同可将门电路分为基本逻辑门和复合逻辑门。基本逻辑门包括与门、或门、非门;复合逻辑门包括与非门、或非门、与或非等。

6.3.1 与门电路

1)与逻辑关系

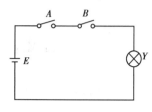

图 6.3　与逻辑关系电路图

如图 6.3 所示的电路,开关 A 和开关 B 串联与灯泡 Y 和电源 E 组成回路,要想使灯泡 Y 亮的条件是开关 A 和 B 同时闭合,只要开关 A 和开关 B 有一个不闭合或都不闭合,灯 Y 就不亮。这里开关 A、B 的闭合与灯泡 Y 亮的关系可描述为条件 A 和 B 同时满足时,事件才会发生,这种关系称为逻辑与关系,也称为逻辑乘,其逻辑表达式为

$$Y = A \cdot B$$

其中,"$\cdot$"为逻辑乘符号,也可省略,读作 Y 等于 A 与 B。

2)与逻辑真值表

若用 0 表示开关断开和灯灭,用 1 表示开关闭合和灯亮,则可将开关 A、B 和灯 Y 的各种取值的可能性用表 6.3 表示,这种反映开关状态和电灯"亮""灭"之间的逻辑关系的表格称为逻辑真值表,简称真值表。

表 6.3　与逻辑真值表

A	B	Y
0	0	0
0	1	0
1	0	0
1	1	1

3)与运算的规律

$$0 \cdot 0 = 0 \qquad 0 \cdot 1 = 0 \qquad 1 \cdot 0 = 0 \qquad 1 \cdot 1 = 1$$

4)与门逻辑符号

与运算可用逻辑符号表示,如图 6.4 所示。

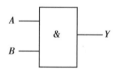

图 6.4　与门逻辑符号

与门的逻辑关系"输入全 1,输出为 1;输入有 0,输出为 0"。

6.3.2 或门电路

1)或逻辑关系

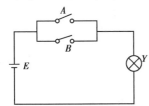

如图 6.5 所示,开关 A 和开关 B 并联与灯泡 Y 和电源 E 组成回路,要想使灯泡 Y 亮的条件是开关 A 和 B 至少有一个闭合。只有开关 A 和开关 B 都断开时,灯泡 Y 才不会亮。这里开关 A 或 B 的闭合与灯泡亮的关系为只要有一个条件满足事件就会发生,这种关系称为逻辑或关系,也称为逻辑加,其逻辑表达式为

$$Y=A+B$$

其中,"+"为逻辑或符号,读作 Y 等于 A 或 B。

图 6.5　或逻辑关系电路图

2)或逻辑真值表

若用 0 表示开关断开和灯灭,用 1 表示开关闭合和灯亮,则可将开关 A、B 和灯 Y 的各种取值的可能性用真值表 6.4 表示。

表 6.4　或逻辑真值表

A	B	Y
0	0	0
0	1	1
1	0	1
1	1	1

3)或运算的规律

$$0+0=0 \qquad 0+1=1 \qquad 1+0=1 \qquad 1+1=1$$

4)或门逻辑符号

或运算可用逻辑符号表示,如图 6.6 所示。

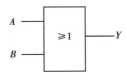

图 6.6　或门逻辑符号

或门的逻辑关系为"输入全 0,输出为 0;输入有 1,输出为 1"。

6.3.3 非门电路

1)非逻辑关系

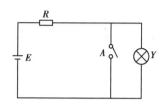

图 6.7 非逻辑关系电路图

如图 6.7 所示,当开关 A 闭合时灯 Y 灭,当开关 A 断开时灯 Y 亮。这里开关 A 的断开与灯泡 Y 亮的关系称为非逻辑关系,即事件的结果和条件总是相反状态,其逻辑表达式为

$$Y = \bar{A}$$

其中,字母上方的"¯"表示非运算或反运算,读作 Y 等于 A 非,或读作 Y 等于 A 反。

2)非逻辑真值表

若用 0 表示开关断开和灯灭,用 1 表示开关闭合和灯亮,则可将开关 A 和灯 Y 的各种取值的可能性用真值表 6.5 表示。

表 6.5 非逻辑真值表

A	Y
0	1
1	0

3)非运算的规律

$$\bar{0} = 1 \qquad \bar{1} = 0$$

4)非门逻辑符号

非运算可用逻辑符号表示,如图 6.8 所示。

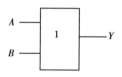

图 6.8 非门逻辑符号

非门逻辑关系为"输入为 0,输出为 1;输入为 1,输出为 0"。

6.3.4 复合逻辑门电路

除了与门、或门和非门 3 种基本的逻辑门以外,与门、或门和非门还可以组成多种复合逻辑门。几种常用复合逻辑门的名称、逻辑功能、逻辑符号及逻辑表达式见表 6.6。

表 6.6　常用的复合逻辑门

名　　称	逻辑功能	逻辑符号	逻辑表达式
与非门	与非	A B & Y	$Y = \overline{A \cdot B}$
或非门	或非	A B ≥1 Y	$Y = \overline{A + B}$
与或非门	与或非	A B C D & ≥1 Y	$Y = \overline{AB + CD}$
异或门	异或	A B =1 Y	$Y = \overline{A} \cdot B + A \cdot \overline{B} = A \oplus B$
同或门	同或	A B =1 Y	$Y = A \cdot B + \overline{A} \cdot \overline{B} = A \odot B$

【阅读窗】

集成逻辑门

随着电子技术的日益发展,数字集成电路因体积小、质量轻、工作可靠、带负载能力强以及抗干扰能力强而被广泛使用。集成逻辑门主要分为两种:双极性和单极性。其中最为常用的是双极性 TTL 门和单极性 CMOS 门。

TTL 集成逻辑门电路是三极管—三极管逻辑门电路,它主要由 NPN 和 PNP 构成,经过光刻、氧化、扩散等工艺制成,因性能稳定、可靠而获得了广泛的应用。常用的 TTL 集成门电路的部分产品见表 6.7。

表 6.7　部分常用 TTL 集成门电路产品

型　号	电路名称	型　号	电路名称
74LS00	2 输入端四与非门	74LS20	4 输入端双与非门
74LS02	2 输入端四或非门	74LS21	4 输入端双与门
74LS04	六反相器	74LS27	3 输入端三或非门

续表

型　号	电路名称	型　号	电路名称
74LS08	2 输入端四与门	74LS30	8 输入端与非门
74LS10	3 输入端三与非门	74LS32	2 输入端四或门
74LS11	3 输入端三与门	74LS86	2 输入端四异或门

CMOS 集成门电路是互补金属氧化物—场效应晶体管门电路,它是由 P 沟道增强型 MOS 管和 N 沟道增强型 MOS 管组成的互补对称 MOS 门电路。它具有功耗小、抗干扰能力强、电压控制等优点,因而被广泛使用。常用的 CMOS 集成门电路的部分产品如表 6.8 所示。

表 6.8　部分常用 CMOS 集成门电路产品

型　号	电路名称	型　号	电路名称
CC4081	四 2 输入与门	CC4069	六反相器
CC4073	三 3 输入与门	CC4070	四异或门
CC4082	双 4 输入与门	CC4071	四 2 输入或门
CC4011	四 2 输入与非门	CC4075	三 3 输入或门
CC4023	三 3 输入与非门	CC4072	双 4 输入或门
CC4012	双 4 输入与非门	CC4001	四 2 输入或非门
CC4025	三 3 输入或非门	CC4002	双 4 输入或非门

【思考与练习】

一、填空题

1.最基本的 3 种逻辑运算是_____、_____和_____。

2.只有当决定一件事情的所有条件全部具备时,这件事情才发生,这样的逻辑关系称为_____。

3.当决定一件事情的所有条件中,只要具备一个或一个以上的条件,这件事情就发生,这样的逻辑关系称为_____。

4.当决定一件事情的条件不具备时,这件事情才发生,这样的逻辑关系称为_____。

5.输入相同,输出为 0;输入相异,输出为 0,这实现的逻辑关系是_____。

二、选择题

1.在(　　)的情况下,函数 $Y=AB$ 运算的结果是逻辑"0"。

A.全部输入是"0"　　　　　　　　B.任一输入是"0"

C.任一输入是"1"　　　　　　　　D.全部输入是"1"

2.在( )的情况下,函数 $Y=AB$ 运算的结果是逻辑"1"。

　　A.全部输入是"1"　　　　　　　　B.任一输入是"0"

　　C.任一输入是"1"　　　　　　　　D.全部输入是"0"

3.在( )的情况下,函数 $Y=A+B$ 运算的结果是逻辑"0"。

　　A.任一输入是"0"　　　　　　　　B.全部输入是"0"

　　C.任一输入是"1"　　　　　　　　D.全部输入是"1"

4.在( )的情况下,函数 $Y=A+B$ 运算的结果是逻辑"1"。

　　A.任一输入是"0"　　　　　　　　B.全部输入是"0"

　　C.任一输入是"1"　　　　　　　　D.全部输入是"1"

5.在( )的情况下,函数 $Y=\overline{AB}$ 运算的结果是逻辑"0"。

　　A.全部输入是"0"　　　　　　　　B.全部输入是"1"

　　C. 任一输入是"1"　　　　　　　　D.任一输入是"0"

6.在( )的情况下,函数 $Y=\overline{A+B}$ 运算的结果是逻辑"1"。

　　A.任一输入是"1"　　　　　　　　B.任一输入是"0"

　　C.全部输入是"0"　　　　　　　　D.全部输入是"1"

7.逻辑函数中的逻辑"与"和它对应的逻辑代数运算关系为( )。

　　A.逻辑加　　　　　B.逻辑非　　　　　C.逻辑乘　　　　　D.逻辑和

三、问答题

1.财务室为了安全起见在原有门 A 的基础上又加了一扇防盗门 B,请问就进入财务室这件事 F 来说,它们之间的逻辑关系是什么? 请列出真值表。

2.为使 $F=B$,则 A 应为何值?

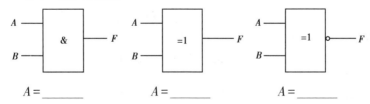

$A=$ _____　　　　　$A=$ _____　　　　　$A=$ _____

6.4 数字电路的基本运算

6.4.1 逻辑变量与逻辑函数

1) 逻辑变量

分析数字电路所使用的数学工具是逻辑代数。在逻辑代数中,用大写的英文字母表示变量,称作逻辑变量。逻辑变量取值不是1就是0,这里的1和0不表示数值大小,仅表示事物的对立的两种状态,如是和非、真和假、高和低、有和无、开和关、电灯的亮和灭等。

2) 逻辑函数

在逻辑代数中,各种逻辑变量之间的逻辑关系可以用逻辑表达式表示。所谓逻辑表达式就是用逻辑变量 A、B、C… 和与、或、非运算符号按照一定的逻辑关系连接起来的式子。在逻辑表达式中,等式左边是输出逻辑变量 Y,等式右边是输入逻辑变量 A、B、C 等,那么就称 Y 是 A、B、C 等变量的逻辑函数,并记作

$$Y = f(A, B, C, \cdots)$$

【友情提示】

变量上面没有非运算符的称为原变量,有非运算符的称为反变量。一般地,如果输入逻辑变量 A、B、C 等取值确定之后,那么输出变量 Y 的值也就被唯一地确定了。

6.4.2 逻辑代数的基本定律和公式

数字电路是由逻辑门电路来实现逻辑功能的,前面已介绍了与、或、非3种基本的逻辑门电路和运算规律,它们是数字逻辑的基础。逻辑代数还有其他一些基本的运算定律和公式,见表6.9。

表 6.9 逻辑代数的基本定律和公式

名　称	公式1	公式2
0-1律	$A \cdot 1 = A$	$A + 0 = A$
	$A \cdot 0 = 0$	$A + 1 = 1$
互补律	$A \cdot \overline{A} = 0$	$A + \overline{A} = 1$
重叠率	$A \cdot A = A$	$A + A = A$
交换律	$A \cdot B = B \cdot A$	$A + B = B + A$

续表

名 称	公式1	公式2
结合律	$A(BC)=(AB)C$	$A+(B+C)=(A+B)+C$
分配率	$A(B+C)=AB+AC$	$A+BC=(A+B)(A+C)$
德·摩根定理	$\overline{AB}=\overline{A}+\overline{B}$	$\overline{A+B}=\overline{A}\,\overline{B}$
吸收律	$A(A+B)=A$	$A+AB=A$
	$A(\overline{A}+B)=AB$	$A+\overline{A}B=A+B$
双否律	$\overline{\overline{A}}=A$	
冗余律	$A\cdot B+\overline{A}\cdot C+B\cdot C=A\cdot B+\overline{A}\cdot C$	

例 6.5 证明：$A\cdot B+\overline{A}\cdot C+B\cdot C=A\cdot B+\overline{A}\cdot C$

【分析】因为左边比右边复杂,所以在证明的过程中应该从左边开始证明。同时利用公式 $A+\overline{A}=1$，$A+1=1$ 进行化简。

证明：$A\cdot B+\overline{A}\cdot C+B\cdot C=AB+\overline{A}C+(A+\overline{A})BC=AB+\overline{A}C+ABC+\overline{A}BC$

$$=AB(1+C)+\overline{A}C(1+B)=A\cdot B+\overline{A}\cdot C$$

例 6.6 证明：$\overline{\overline{A}+B}+\overline{A+\overline{B}}=A$

【分析】利用德·摩根定理将左式进行化简求证。

证明：$\overline{\overline{A}+B}+\overline{A+\overline{B}}=A\cdot\overline{B}+A\cdot B=A\cdot(B+\overline{B})=A$

【经验分享】

在证明等式时,除了应用已有的公式和定律进行证明以外,还可以使用列真值表的方法,即分别列出等式两边逻辑表达式的真值表,若两个真值表完全一致,则表明两个表达式相等,等式得证。

6.4.3 逻辑代数规则

1）代入规则

一个逻辑等式的两边有某个相同的逻辑变量,都用同一个逻辑函数代替,则逻辑等式仍然是成立的,这个规则称为代入规则。

例如：$\overline{A+B}=\overline{A}\,\overline{B}$,令 $Y=B+C$ 代替等式中的 B,则

$$\overline{A+(B+C)}=\overline{A}\cdot\overline{B+C}=\overline{A}\cdot\overline{B}\cdot\overline{C}$$

2)反演规则

求逻辑表达式 Y 的反 $\bar{Y}$,即 $\bar{Y}$ 称为反演,所谓反演规则是指在求逻辑表达式 Y 的反的过程中,原逻辑表达式中的"与"变成"或","或"变成"与","0"变成"1","1"变成"0",原变量变成反变量,反变量变成原变量,这个规则称为反演规则。

例如:$Y = (A+B) \cdot (\bar{C}+\bar{D})$ 由反演规则可得

$$\bar{Y} = \bar{A} \cdot \bar{B} + C \cdot D$$

3)对偶规则

若逻辑等式成立,则其对偶式也成立。在求对偶式的过程中,原逻辑表达式中的"与"变成"或","或"变成"与","0"变成"1","1"变成"0"即可。

例如:$Y = (A+B) \cdot (\bar{C}+\bar{D})$,其对偶式为

$$Y' = A \cdot B + \bar{C} \cdot \bar{D}$$

6.4.4 逻辑函数的化简

逻辑函数化简的意义在于逻辑表达式越简单,实现它的门电路越简单,电路工作稳定性越可靠。化简逻辑函数,经常用到公式化简法。

公式化简法

一个逻辑函数的表达式可以有与或表达式、或与表达式、与或非表达式、与非—与非表达式、或非—或非表达式等多种表达形式,而公式化简法就是利用逻辑代数中的基本定律和公式对逻辑函数表达式进行化简,化得的结果应该是最简式。

最简式应该满足两个条件:一是乘积项的个数最少;二是每个乘积项中所含变量个数也为最少。公式化简法常用的方法见表6.10。

表 6.10 公式化简法常用的方法

序号	方法	说明	举例
1	并项法	利用公式 $A+\bar{A}=1$,将两项合并为一项,并消除一个变量	$Y = AB\bar{C}+ABC = AB(\bar{C}+C) = AB$
2	消去法	利用公式 $A+\bar{A}B = A+B$ 消去多余因子	$Y = \bar{A}+AC+BCD = \bar{A}+C+BCD = \bar{A}+C+BD$
3	吸收法	利用公式 $A+AB = A$ 吸收多余的乘积项	$Y = AB+ABC+ABCD = AB(1+C+CD) = AB$
4	配项法	利用 $B = (A+\bar{A})B$,给某函数配上所缺变量,以便化简	$Y = AB+\bar{B}C+\bar{B}\bar{C}+\bar{A}B = AB+\bar{B}C+(A+\bar{A})\bar{B}C+\bar{A}B(C+\bar{C}) = AB+\bar{B}C+A\bar{B}C+\bar{A}\bar{B}C+\bar{A}BC+\bar{A}B\bar{C} = AB+\bar{B}C+\bar{A}C$

【思考与练习】

一、填空题

1.逻辑变量取值的 0 和 1 不是表示数值的_____,而是表示事物_____的两个方面。

2.逻辑函数化简的方法主要是_____化简法。

3.逻辑函数表达式 $Y=\overline{ABC}$,化简后结果是_____。

4.对于四变量逻辑函数,最小项有_____个。

5.逻辑代数 3 个重要的规则是_____、_____、_____。

6.逻辑函数 $F=\overline{A}+\overline{B}+\overline{CD}$ 的反函数是_____。

7.逻辑函数 $F=A(B+C)$ 的对偶函数是_____。

8.逻辑函数 $F=\overline{A}\ \overline{B}\ \overline{C}\ D+A+B+C+D=$_____。

二、选择题

1.逻辑表达式 $A+BC=($ $)$。

  A.$B+C$ B.$A+C$ C.AB D.$(A+B)(A+C)$

2.下列逻辑式中,正确的是($\quad$)。

  A.$A+A=2A$ B.$A+A=0$ C.$AA=A$ D.$A+A=1$

3.逻辑函数 $Y=AB+BC+CA$,则 $\overline{Y}=($ $)$。

  A.$\overline{A}B+\overline{B}C+\overline{C}A$ B.$\overline{AB}+\overline{BC}+\overline{CA}$ C.$\overline{AB}+\overline{BC}+\overline{CA}$ D.$AB+BC+CA$

4.以下表达式中,符合逻辑运算法则的是($\quad$)。

  A.$1+1=10$ B.$0<1$ C.$C\cdot C=C^2$ D.$A+1=1$

5.当逻辑函数有 n 个变量时,共有($\quad$)个变量取值组合。

  A.n B.2^n C.$2n$ D.n^2

6.$F=A\overline{B}+BD+CDE+\overline{A}D=($ $)$。

  A.$A\overline{B}+D$ B.$(A+\overline{B})D$ C.$A+D$ D.AB

三、证明题

1.$AB+A\overline{B}+\overline{A}C+\overline{A}\ \overline{C}=1$

2. $A + \bar{A}B = A + B$

四、用公式法化简下列各逻辑函数

1. $Y = A + ABC + \bar{A}B + \bar{B}C + BCD$

2. $Y = AB + BCD + \bar{A}C + \bar{B}C$

五、问答题

1. 化简逻辑表达式有什么意义？

2. 公式化简法有什么优缺点？

3. 什么叫最小项？什么叫相邻最小项？

6.5　逻辑函数的表示

要表示一个逻辑函数有多种方法,常用的有真值表、逻辑函数表达式、逻辑图和波形图等。

1) 真值表

真值表就是由变量的所有可能取值组合及其对应的函数值构成的表格。逻辑函数的真值表比较容易掌握,并且任何一个逻辑函数的真值表都是唯一的。

2) 逻辑函数表达式

逻辑函数表达式就是把输出逻辑变量表示为输入逻辑变量的与、或、非等运算的式子。逻辑函数表达式也称为逻辑表达式,这是一种用公式表示逻辑函数的方法,其表达形式很多,也就是说不具有唯一性。如果给出了函数的真值表,若想得到逻辑函数的表达式则只需将那些使函数值为 1 的最小项加起来即可。

3）逻辑图

逻辑图是用逻辑符号组成的逻辑函数图形。由于逻辑函数的表达式和逻辑图是一一对应关系,因此可以借助基本门电路的逻辑符号来表示逻辑函数。

4）波形图

波形图又叫时序图,它可以将输出函数和输入变量之间的变化通过时间上的对应关系直观地表示出来。

这几种逻辑函数的表示方法,各有特点又互相联系,还可以相互转化。

例 6.7 已知函数逻辑表达式 $Y=AB+\overline{A}\,\overline{B}$,列出 Y 的真值表,画出逻辑图和波形图。

解:（1）该函数有两个变量,因此真值表中有 4 种取值组合,按照输入变量二进制递增的顺序排列起来得到如表 6.11 所示的真值表。

表 6.11　$Y=AB+\overline{A}\,\overline{B}$真值表

A	B	Y
0	0	1
0	1	0
1	0	0
1	1	1

（2）根据逻辑函数表达式画逻辑图,逻辑如图 6.9 所示。

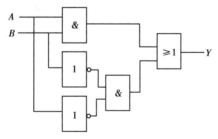

图 6.9　$Y=AB+\overline{A}\,\overline{B}$逻辑图

（3）画出波形图,波形图如图 6.10 所示。

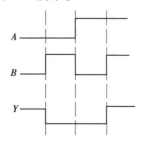

图 6.10　$Y=AB+\overline{A}\,\overline{B}$波形图

【经验分享】

(1)逻辑电路图转化为逻辑表达式的方法

从电路图的输入端开始,逐级写出各门电路的逻辑表达式,一直到输出端。

(2)逻辑表达式转化为真值表的方法

①若输入端数为 n,则输入端所有状态组合数为 2^n。

②列表时,输入状态按 n 列、2^n 行画好表格,然后从右到左,在第一列中填入 0,1,0,1……在第二列中填入 0,0,1,1,0,0,1,1……在第三列中填入 0,0,0,0,1,1,1,1……依次类推,直到填满表格,最后将每一行中各输入端状态分别代入表达式中,计算并填好结果。

(3)真值表转化为逻辑表达式的方法

①从真值表上找出输出为 1 的各行,把每行的输入变量写成乘积项;该变量为 0 时则取非,为 1 时是原变量。

②相加各乘积项即得到表达式。

【思考与练习】

一、填空题

1.任何一个逻辑函数的_____是唯一的。

2.逻辑函数的各种表示方法在本质上是一致的,可以_____。

3.逻辑函数的表示方法有_____、_____和_____等。

4.波形图又叫_____,它可以将输出函数和输入变量之间的变化通过时间上的对应关系直观地表示出来。

5.逻辑函数_____可有不同的形式,即不具有唯一性。

二、分析解答题

1. 怎样由真值表求逻辑函数表达式?试列出表 6.12 的逻辑函数表达式。

表 6.12　真值表

A	B	Y
0	0	1
0	1	0
1	0	0
1	1	1

2.列出逻辑函数表达式 $Y=A\bar{B}+\bar{A}B$ 的真值表、画出逻辑图和波形图。

【本章小结】

1.数字信号是指时间和幅值均具有离散性的电信号,对数字信号进行传输、处理的电路称为数字电路。而模拟信号是随时间连续变化的,模拟信号可以通过模/数转换变成数字信号,也可用数字电路传输、处理。

2.二进制和十进制可以相互转换。二进制转换成十进制采用乘权相加法;十进制整数转换成二进制采用除取余法,十进制小数转换成二进制采用乘基取整法。

3.基本逻辑门电路有与门、或门、非门3种,它们构成了与、或、非3种基本的逻辑运算;复合门有与非门、或非门、与或非门等,它们也构成了相应的复合逻辑运算;这些基本的逻辑门和复合门是构成各种数字电路的基本单元。

4.逻辑代数是分析数字电路的重要工具,利用逻辑代数可以把一个电路的逻辑关系抽象成数学表达式,并且可以利用逻辑代数运算的方法,解决逻辑电路的分析和设计问题。另外,逻辑函数变量取值的0和1表示的是两种对立的状态而不是数量的大小。

5.逻辑函数公式化简法适用于任何复杂的逻辑函数的化简,但是必须熟练掌握逻辑代数的公式、定理等,并且具有一定的运算技巧。

6.逻辑函数通常有4种表示法:真值表、逻辑函数表达式、逻辑图和波形图。真值表比较直观地反映输出和输入之间的关系;逻辑函数表达式是分析逻辑电路的基础;逻辑图是实现逻辑函数功能的电路图;波形图是反映输出变量、输入变量随时间变化的图形。由于这几种表示方法是描述同一逻辑函数,因此它们之间可以相互转换。

第 7 章　逻辑电路及其应用

逻辑电路是以二进制为原理,实现数字信号逻辑运算和基本逻辑操作的电路,这些基本的逻辑操作是"与""或""非"以及由它们组成的复合动作。逻辑电路按其工作性质可分为组合电路和时序电路两大类。

逻辑电路抗干扰力强、精度和保密性佳,因此广泛应用于计算机、数字控制、通信、自动化和仪表等领域。

【学习目标】

- 了解组合逻辑电路的种类,触发器的种类及功能。
- 了解 RS 触发器、JK 触发器、D 触发器的电路组成及所能实现的逻辑功能。
- 了解时序逻辑电路的构成。

7.1　组合逻辑电路

7.1.1　组合逻辑电路的相关概念

1)什么是组合逻辑电路

电路在任何时刻的输出只取决于该时刻的输入,而与该时刻之前的电路状态无关,即与输入信号作用前的电路状态无关,这种逻辑电路称为组合逻辑电路。

2)组合逻辑电路的构成

由于组合逻辑电路是即时的,因此组合逻辑电路主要由基本逻辑门电路构成,没有记忆元件,同时输出与输入之间没有反馈,其构成示意框图如图 7.1 所示。

其中,$I_1, I_2, \cdots, I_n$ 为组合逻辑电路的输入逻辑变量;$Y_1, Y_2, \cdots, Y_m$ 为组合逻辑电路的输出逻辑变量,其输出和输入之间应满足如下关系式:

$$Y_i = f(I_1, I_2, \cdots, I_n) \qquad (i = 1, 2, \cdots, m)$$

图 7.1 组合逻辑电路构成示意框图

7.1.2 组合逻辑电路的分析

组合逻辑电路的分析是指根据给定的逻辑电路图,运用逻辑电路运算规律,写出逻辑函数表达式、真值表。确定电路的逻辑功能的过程称为组合逻辑电路的分析。

组合逻辑电路的分析步骤如下:

①根据给定的逻辑电路图,从输入级到输出级逐级推出输出变量与输入变量之间的逻辑函数表达式。

②利用公式化简法对逻辑函数表达式进行化简。

③根据化简后的表达式列出真值表,罗列输出和输入信号的状态。

④用真值表来分析电路的逻辑功能,最后用文字概括描述相关的逻辑功能。

上述组合逻辑电路的分析步骤可用流程图 7.2 表示。

图 7.2 组合逻辑电路分析步骤流程图

例 7.1 分析并说明图 7.3 所示逻辑电路的分析过程。

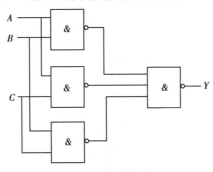

图 7.3 逻辑电路图

解:(1)由逻辑电路图逐级写出输出 Y 的逻辑函数表达式,即

$$Y = \overline{\overline{AB} \cdot \overline{BC} \cdot \overline{AC}}$$

(2)运用德·摩根定理进行化简,得

$$Y = \overline{\overline{AB} \cdot \overline{BC} \cdot \overline{AC}} = AB + BC + AC$$

(3)列出真值表,如表 7.1 所示。

表 7.1　真值表

A	B	C	Y
0	0	0	0
0	0	1	0
0	1	0	0
0	1	1	1
1	0	0	0
1	0	1	1
1	1	0	1
1	1	1	1

（4）分析真值表，确定电路的逻辑功能。

由表 7.1 可知，3 个输入变量 A、B、C，只有两个或两个以上变量取值为 1 时，输出才为 1，其余情况输出都为 0。因此，该电路实现的是当两个人或两个人以上都同意时，表决同意，即少数服从多数的表决器逻辑功能。

7.1.3　组合逻辑电路的设计

组合逻辑电路的设计是指根据给定的实际问题，经过分析，画出实现其逻辑功能的逻辑电路的过程，即由逻辑功能到逻辑图。

组合逻辑电路的设计过程如下：

①根据给定的实际问题，经过分析，确定输入、输出变量并且赋值，将实际问题转化为逻辑问题。

②根据逻辑功能的描述列写真值表。

③由真值表写出相应的逻辑函数表达式。

④运用公式法进行逻辑函数表达式的化简。

⑤由逻辑函数表达式画出相应的逻辑电路图。

上述组合逻辑电路的设计步骤可用流程图 7.4 表示。

图 7.4　组合逻辑电路设计步骤流程图

例 7.2　设计一个供 A、B、C 3 人使用的投票表决器，对于某一个提案，赞成时按下每人面前的按键；不赞成时，不按按键。表决结果用指示灯指示，灯亮表示多数人同意，提案通过；灯不亮，表示提案未通过。

解：（1）假设输入变量 A、B、C，赞成为 1，不赞成为 0；输出变量为 Y，提案通过为 1，提案不通过为 0。

（2）列出真值表,如表 7.2 所示。

表 7.2 真值表

A	B	C	Y
0	0	0	0
0	0	1	0
0	1	0	0
0	1	1	1
1	0	0	0
1	0	1	1
1	1	0	1
1	1	1	1

（3）由真值表写出相应的逻辑函数表达式,即

$$Y = \overline{A}BC + A\overline{B}C + AB\overline{C} + ABC$$

（4）画逻辑电路图,如图 7.5 所示。

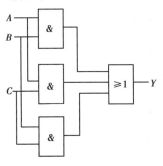

图 7.5 表决电路图

【友情提示】

组合逻辑电路的分析过程和设计过程是相反的。在分析组合逻辑电路时,不是说每个步骤都需要,比如,当逻辑函数表达式已是最简式时,可省略化简步骤。对于组合逻辑电路的设计亦是如此。

【思考与练习】

一、填空题

1.组合逻辑电路主要是由_____、_____和_____3 种基本逻辑门电路构

成的。

2.组合逻辑电路在_____是_____的函数,而与之前电路的状态没有任何关系。

3. 组合逻辑电路的分析是指_____,运用逻辑电路运算规律,写出逻辑函数表达式、真值表、从而确定_____的过程称为组合逻辑电路的分析。

4. 组合逻辑电路的设计是_____,经过分析,能够画出_____。

二、选择题

1.如图 7.6 所示,电路的逻辑功能为(　　　)。

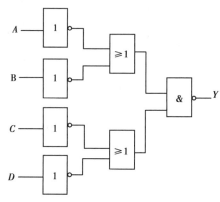

图 7.6

A. $Y = ABCD$ 　　　B. $Y = \overline{AB} + \overline{CD}$ 　　　C. $Y = \overline{\overline{AB} \cdot \overline{CD}}$ 　　　D. $Y = \overline{\overline{A} + \overline{B} + \overline{C} + \overline{D}}$

2.组合逻辑电路是由(　　　)构成。

A.触发器　　　　　B.编码器　　　　　C.门电路　　　　　D. 门电路和触发器

3.组合逻辑电路(　　　)。

A.没有记忆功能　　　　　　　　　B. 有时有记忆功能,有时没有记忆功能

C.有记忆功能　　　　　　　　　　D.以上都不对

三、分析解答题

1.分析图 7.7 所示组合逻辑电路的逻辑功能。

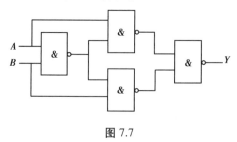

图 7.7

2.试设计一个由 A、B、C 3 人表决的电路。当对某个提案进行表决时,多数人同意,提案通过,否则,提案不通过,同时 A 拥有一票否决权。

7.2 触发器和时序逻辑电路

7.2.1 触发器

1)触发器的基本知识

在数字系统中,需要对数字信号及这些信号运算完后的结果进行保存。因此,在电路中就需要具有记忆功能、能进行信息储存的基本逻辑单元电路,而触发器就是具有这种功能的基本逻辑单元电路。

一般情况下,触发器具有两个稳定的状态,分别是 0 状态和 1 状态,在没有输入信号时,触发器能保持原来的状态。另外,触发器有两个输出端,分别用 Q 和 $\overline{Q}$ 来表示,这两个输出端是互补的。此外,我们通常用 Q 端的状态来表示触发器的状态,当 $Q=1$,$\overline{Q}=0$ 时,称为触发器的 1 状态,记作 $Q=1$;当 $Q=0$,$\overline{Q}=1$ 时,称为触发器的 0 状态,记作 $Q=0$。

当外界有输入信号时,在输入信号的作用下,触发器可以从一个稳定状态转换为另一个稳定状态,我们把触发器之前的状态称为现态,用 Q^n 表示,触发器转换后的状态称为次态,用 Q^{n+1} 表示。

2)触发器的表示方法

触发器常用特性表、特性方程、状态图和波形图来表示其逻辑功能。其中特性表是用来表示触发器次态 Q^{n+1} 和输入信号及现态 Q^n 之间的关系的表格,特性方程是用来表述触发器次态 Q^{n+1} 和输入信号及现态 Q^n 之间的关系的表达式,而状态图是用来描述触发器状态转换的条件及转换过程的图形。本书只介绍特性表和波形图两种表示法。

3）触发器的分类

触发器按照逻辑功能可分为 RS 触发器、JK 触发器、D 触发器等；按照电路结构可分为基本触发器、主从触发器、边沿触发器等；按照触发方式又可分为电平触发和边沿触发。

7.2.2　基本 RS 触发器

1）电路构成

基本 RS 触发器由两个与非门首尾交叉相连构成，其逻辑电路如图 7.8（a）所示。其中，$\overline{R}$、$\overline{S}$ 为输入端，$\overline{R}$ 称为复位端或置"0"端，$\overline{S}$ 称为置位端或置"1"端，Q 和 $\overline{Q}$ 是输出端。图 7.11（b）是基本 RS 触发器的逻辑符号，$\overline{R}$ 和 $\overline{S}$ 上面有"‾"表示低电平有效，表现在逻辑符号中就是在逻辑符号的外框线加小圆圈。

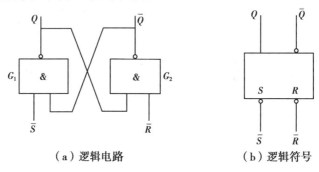

（a）逻辑电路　　　　（b）逻辑符号

图 7.8　基本 RS 触发器

2）逻辑功能

①$\overline{R}=1$，$\overline{S}=1$，触发器保持原来状态，即 $Q^{n+1}=Q^n$。

②$\overline{R}=1$，$\overline{S}=0$，由于 $\overline{S}$ 是有效电平，无论触发器现态 Q^n 是 1 态还是 0 态，触发器都是置 1，即 $Q^{n+1}=1$。

③$\overline{R}=0$，$\overline{S}=1$，由于 $\overline{R}$ 是有效电平，无论触发器现态 Q^n 是 1 态还是 0 态，触发器都是置 0，即 $Q^{n+1}=0$。

④$\overline{R}=0$，$\overline{S}=0$，由于 $\overline{R}$ 和 $\overline{S}$ 都是有效电平，因此会导致触发器状态不定，这种情况是不允许的，因为会导致逻辑混乱或逻辑错误。

3）特性表

基本 RS 触发器相应的逻辑功能也可用特性表 7.3 来描述。

表 7.3　基本 RS 触发器的特性表

$\overline{R}$	$\overline{S}$	Q^n	Q^{n+1}	功　能
0	0	0	不定	不定
		1	不定	

续表

$\overline{R}$	$\overline{S}$	Q^n	Q^{n+1}	功 能
0	1	0	0	置0
		1	0	
1	0	0	1	置1
		1	1	
1	1	0	0	保持
		1	1	

【阅读窗】

利用基本 RS 触发器能够消除机械开关抖动

在日常生活中,我们可能会用到机械开关,而常见的机械开关都会有抖动现象,由于振动可能会产生干扰电压或干扰电流,因此我们希望能消除这种现象。如图7.9(a)所示是利用基本 RS 触发器来消除机械开关抖动影响的电路。当开关由 1 扳到 2 时,触电 2 则由于开关的弹性回跳,需要经过一定的时间才能稳定在低电平,这就会造成 $\overline{S}$ 在 0 和 1 之间来回跳变,波形如图7.9(b)所示。而采用基本 RS 触发器的电路时,在 $\overline{S}$ 端出现第一个低电平时,就能使输出 Q 跳变到 1 状态。即使 $\overline{S}$ 在 0 和 1 之间来回变化,输出 Q 也一直稳定在 1 态,从而消除了开关的抖动现象。同理,当开关由 2 扳到 1 时,输出 Q 一直稳定在 0 态,同样也消除了开关抖动现象。

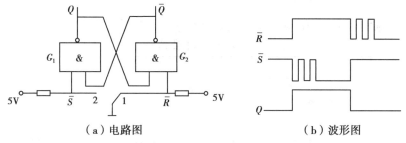

（a）电路图　　　　　　　　　　　　　　　（b）波形图

图 7.9　基本 RS 触发器消除开关抖动的电路图及波形图

7.2.3　同步 RS 触发器

基本 RS 触发器由输入信号直接控制输出信号,而在实际应用中,为了能使电路各部分步调一致,往往需要触发器在同一时刻动作,这就需要一个时钟信号来控制触发器,即在时钟脉冲到来时,输入信号才起作用。这个时钟信号就简称为时钟脉冲,用 CP 来表示。由时钟脉冲 CP 控制的 RS 触发器称为同步 RS 触发器。

1）电路构成

同步 RS 触发器是在基本 RS 触发器的基础上又增加了两个与非门,并且在输入端增加了时钟脉冲信号,其逻辑电路及逻辑符号如图7.10所示。

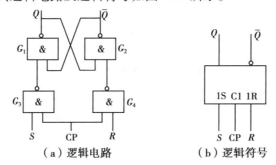

（a）逻辑电路　　　　　　（b）逻辑符号

图 7.10　同步 RS 触发器

2）逻辑功能

①CP $=0$ 时,无论 S、R 如何变化,G_3 和 G_4 两个与非门的输出都为1,即相当于基本 RS 触发器中 $\overline{R}=\overline{S}=1$,因此触发器状态保持不变,$Q^{n+1}=Q^n$。

②CP $=1$ 时,G_3 和 G_4 两个与非门的输出将取决于 S、R 的输入信号,同步 RS 触发器上半部分是基本 RS 触发器,因此 $\overline{R}=\overline{R \cdot CP}=\overline{R \cdot 1}$,$\overline{S}=\overline{S \cdot CP}=\overline{S \cdot 1}$。

若 $R=0,S=1$,则 $\overline{R}=1,\overline{S}=0$,那么触发器置1,即 $Q^{n+1}=1$。

若 $R=1,S=0$,则 $\overline{R}=0,\overline{S}=1$,那么触发器置0,即 $Q^{n+1}=0$。

若 $R=0,S=0$,则 $\overline{R}=1,\overline{S}=1$,那么触发器状态保持不变,即 $Q^{n+1}=Q^n$。

若 $R=1,S=1$,则 $\overline{R}=0,\overline{S}=0$,那么触发器状态不定,这种情况是不允许的。

3）特性表

同步 RS 触发器相应的逻辑功能也可用特性表7.4来描述。

表 7.4　同步 RS 触发器的特性表

CP	R	S	Q^n	Q^{n+1}	功　能
0	×	×	0	0	保持
			1	1	
1	0	0	0	0	保持
			1	1	
1	0	1	0	1	置1
			1	1	
1	1	0	0	0	置0
			1	0	
1	1	1	0	不定	不定
			1		

注:表中×为任意值,既可取 1 又可取 0。

4）同步 RS 触发器的空翻

同步 RS 触发器在 CP=1 期间内，若 R、S 输入信号多次变化，则会导致输出信号也多次变化，这种现象称为触发器的空翻。空翻会使得逻辑混乱，致使电路无法正常工作。

7.2.4　JK 触发器[*]

前面介绍的同步 RS 触发器存在空翻问题，而且还存在不确定状态，为了解决这些问题同时又提高触发器的抗干扰能力，在此我们向大家介绍边沿触发器。所谓边沿触发器是指触发器只在时钟脉冲下降沿（CP 由 1→0）或上升沿（CP 由 0→1）接收输入信号，并且输入信号决定着输出信号，其他时刻触发器状态不变。最常用的边沿触发器是边沿 JK 触发器。

1）边沿 JK 触发器的逻辑符号

边沿 JK 触发器的逻辑符号如图 7.11 所示，图中 J、K 为信号输入端，CP 为时钟脉冲控制端，在框图中 CP 一端标有"∧"和"。"，表示在时钟脉冲下降沿有效，若框图中 CP 一端只标有"∧"而无"。"，则表示在时钟脉冲上升沿有效。

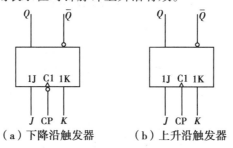

（a）下降沿触发器　　　（b）上升沿触发器

图 7.11　边沿 JK 触发器逻辑符号

2）边沿 JK 触发器的特性表

边沿 JK 触发器假定在时钟脉冲下降沿有效，那么其相应的逻辑功能可用特性表 7.5 来描述。

表 7.5　边沿 JK 触发器的特性表

CP	J	K	Q^n	Q^{n+1}	功　能
↓	0	0	0	0	保持
			1	1	
↓	0	1	0	0	置0
			1	0	
↓	1	0	0	1	置1
			1	1	
↓	1	1	0	1	翻转
			1	0	

从表 7.5 中可看出在 CP 下降沿时：

①$J=0,K=0$，触发器保持原来状态，即 $Q^{n+1}=Q^n$。

②$J=0,K=1$，触发器置 0，即 $Q^{n+1}=0$。

③$J=1,K=0$，触发器置 1，即 $Q^{n+1}=1$。

④$J=1,K=1$，触发器翻转，即 $Q^{n+1}=\overline{Q^n}$。

3）边沿 JK 触发器的波形图

图 7.12 为边沿 JK 触发器的波形图，图中触发器的初始态为 0 状态，在 CP 脉冲的每一个下降沿，输出信号 Q 由输入信号 J、K 来决定。

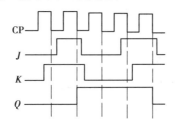

图 7.12　边沿 JK 触发器的波形图

7.2.5　D 触发器[*]

在 CP 时钟脉冲作用下，输出信号由输入信号 D 来决定，且具有置 1、置 0 功能的电路，称为 D 触发器。D 触发器可以分为同步 D 触发器和边沿 D 触发器。

1）边沿 D 触发器的逻辑符号

边沿 D 触发器的逻辑符号如图 7.13 所示，D 为输入端，CP 为时钟脉冲控制端，方框图中 CP 一端标有"∧"表示在脉冲上升沿有效。$\overline{R}_\mathrm{D}$ 和 $\overline{S}_\mathrm{D}$ 为直接复位端和直接置位端，都是低电平有效。

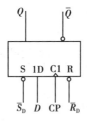

图 7.13　边沿 D 触发器逻辑符号

2）边沿 D 触发器的特性表

边沿 D 触发器的逻辑功能可用特性表 7.6 来描述。

表 7.6 边沿 D 触发器的特性表

CP	D	Q^n	Q^{n+1}	功 能
↑	0	0	0	置 0
		1	0	
↑	1	0	1	置 1
		1	1	

从表 7.6 中可看出在 CP 上升沿时：

① $D = 0$，触发器置 0，即 $Q^{n+1} = 0$。

② $D = 1$，触发器置 1，即 $Q^{n+1} = 1$。

3）边沿 D 触发器的波形图

图 7.14 为边沿 D 触发器的波形图，图中触发器的初始态为 0 状态，在 CP 脉冲的每一个上升沿，输出信号 Q 都由输入信号 D 来决定。

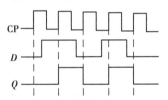

图 7.14 D 触发器的波形图

同步 D 触发器的逻辑功能与边沿 D 触发器基本一致，只是对时钟脉冲 CP 的要求不一样，在此我们将不再赘述。

【阅读窗】

集成触发器

集成触发器种类很多，但在实际电路中，用得较多的是 JK 触发器和 D 触发器，下面着重介绍集成 JK 触发器 74LS112 和集成 D 触发器 74LS74。

（1）集成 JK 触发器 74LS112

集成 JK 触发器 74LS112 共有 16 个管脚，上面集成了两个带有异步置 0 和异步置 1 功能的边沿 JK 触发器，下降沿触发，其引脚排列如图 7.15 所示，所能实现的功能如表 7.7 所示。

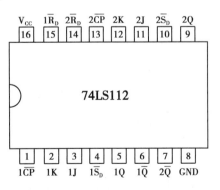

图 7.15 集成 JK 触发器 74LS112 的引脚排列

表 7.7　集成 JK 触发器 74LS112 逻辑功能表

输　入					输　出		功　能
$\overline{R}_D$	$\overline{S}_D$	CP	J	K	Q^{n+1}	$\overline{Q}^{n+1}$	
0	1	×	×	×	0	1	异步置 0
1	0	×	×	×	1	0	异步置 1
1	1	↓	0	0	Q^n	$\overline{Q}^n$	保持
1	1	↓	0	1	0	1	置 0
1	1	↓	1	0	1	0	置 1
1	1	↓	1	1	$\overline{Q}^n$	Q^n	翻转

其中,×为任意值,既可取 1 又可取 0。

（2）集成 D 触发器 74LS74

集成 D 触发器 74LS74 共有 14 个管脚,上面集成了两组上升沿触发的边沿 D 触发器,其引脚排列如图 7.16 所示,所能实现的功能见表 7.8。

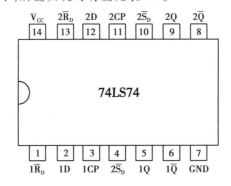

图 7.16　集成 D 触发器 74LS74 的引脚排列

表 7.8　集成 D 触发器 74LS74 逻辑功能表

输　入				输　出		功　能
$\overline{R}_D$	$\overline{S}_D$	CP	D	Q^{n+1}	$\overline{Q}^n+1$	
0	1	×	×	0	1	异步置 0
1	0	×	×	1	0	异步置 1
1	1	↑	0	0	1	置 0
1	1	↑	1	1	0	置 1

注:表中×为任意值,既可取 1 又可取 0。

在使用集成触发器时,要会判断集成器的引脚序号,这样才能知道相应引脚的功能,因此可以将集成器芯片的缺口朝左放置,那么引脚序号是按照逆时针从小到大排列,即左下脚为 1 号引脚,依次类推。另外,在使用集成触发器时,除了了解其性能参数外,主要就是掌握触发器的逻辑功能和外部引脚的作用,能够正确连线。

7.2.6 触发器之间的转换*

以上我们介绍了 RS 触发器、JK 触发器和 D 触发器,在实际应用中,我们可以用这些触发器来构成其他类型的触发器。

1)用 JK 触发器构成 T 触发器和 T′触发器

将 JK 触发器的 J、K 端相连作为一个输入端 T,就构成了只具有保持和翻转功能的 T 触发器。如果 $T=1$,则 T 触发器每来一个脉冲,它的状态就翻转一次,实现了计数功能,这就变成了 T′触发器。图 7.17 就是由 JK 触发器构成的 T 触发器和 T′触发器。

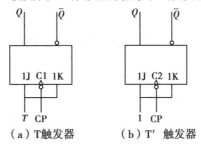

（a）T触发器　　（b）T′触发器

图 7.17　JK 触发器构成的 T 触发器和 T′触发器

2)用 D 触发器构成 T′触发器

除了用 JK 触发器构成 T′触发器以外,我们还可以采用 D 触发器来构成。在此将 D 触发器的 $\overline{Q}$ 端与输入 D 端相连,就构成了能够计数的 T′触发器,如图 7.18 所示。

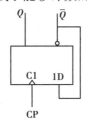

图 7.18　D 触发器构成的 T′触发器

7.2.7 时序逻辑电路

1)时序逻辑电路的概念

时序逻辑电路又称为时序电路,它是指任意时刻电路的输出不仅取决于该时刻电路的输入,而且还取决于电路之前的状态。我们把这类具有存储、记忆功能的电路称为时序逻辑电路。

2)时序逻辑电路的构成

时序逻辑电路是由组合逻辑电路和存储电路构成的,而存储电路是由触发器构成的,因此我们可以用触发器的现态和次态来表示时序逻辑电路的现态和次态。另外,存储电路的输出必须反馈到输入端,与输入信号共同决定电路的输出。图 7.19 为时序逻辑电路的构成示意框图。

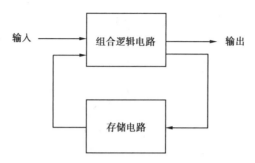

图 7.19 时序逻辑电路的构成示意框图

数字电路中的数码寄存器、计数器、存储器等都是时序电路的基本单元电路。

时序逻辑电路的结构特点:除含有组合电路外,时序电路还含有存储信息的有记忆能力的触发器、寄存器、计数器等电路。

3)时序逻辑电路的种类

根据电路状态转换的时刻不同,时序逻辑电路可分为同步时序电路和异步时序电路。同步时序电路中,所有触发器的时钟控制端 CP 都连在一起,即在同一个时钟脉冲的控制下,触发器的状态转换和时钟脉冲是同步的。而在异步时序电路中,没有统一的时钟信号,即触发器的状态变化有先后,并不是和时钟脉冲 CP 同步的。

【思考与练习】

一、填空题

1.触发器有_____稳定的状态,分别是_____和_____。

2.由两个与非门构成的基本 RS 触发器的特性方程是_____,约束条件是_____。

3.同步 RS 触发器状态的改变是与_____信号同步的。

4.在 CP 有效期间,如果同步触发器的输入信号发生多次变化,其输出也会跟着发生多次变化,这种现象称为_____。

5.边沿 JK 触发器的特性方程是_____,边沿 D 触发器的特性方程是_____。

6.将 JK 触发器的 J 端和 K 端直接相连作为输入端时,JK 触发器可转换为_____触发器。

7.将 D 触发器的 D 端与 $\overline{Q}$ 端直接相连时,D 触发器可转换为成_____触发器。

8.时序逻辑电路任何时刻的输出信号不仅取决于_____,还取决于_____。

二、选择题

1.对于触发器和组合逻辑电路的区别,以下说法正确的是(　　)。

　A.两者都有记忆能力　　　　　　　　B.两者都无记忆能力

　C.只有触发器有记忆能力　　　　　　D.只有组合逻辑电路有记忆能力

2.对于 JK 触发器,输入 $J=0$,$K=1$,CP 脉冲作用后,触发器的 Q^{n+1} 应为(　　)。

　A.1　　　　　　　　　　　　　　　B.0

　C.可能是 0,也可能是 1　　　　　　D.与 Q^n 有关

3.具有"置 0""置 1""保持""翻转"功能的触发器叫(　　)。

　A.JK 触发器　　B.基本 RS 触发器　C.D 触发器　　　　D.同步 RS 触发器

4.只具有"保持""翻转"功能的触发器叫(　　)。

　A.JK 触发器　　B.RS 触发器　　　C.D 触发器　　　　D.T 触发器

5.D 触发器用作 T′ 触发器时,输入端 D 的正确接法是(　　)。

　A.$D=Q^n$　　　　B.$D=0$　　　　　C.$D=1$　　　　　D.$D=\overline{Q^n}$

6.时序逻辑电路中一定包含(　　)。

　A.移位寄存器　　B.触发器　　　　C.加法器　　　　　D.译码器

7.时序逻辑电路中必须有(　　)。

　A.数值比较器　　B.计数器　　　　C.时钟信号　　　　D.编码器

8.时序电路某一时刻的输出状态,与该时刻之前的电路状态(　　)。

　A.有关　　　　　B.无关　　　　　C.有时有关,有时无关　D.以上都不对

三、判断题

1.触发器属于组合逻辑电路。　　　　　　　　　　　　　　　　　　　(　　)

2.触发器有两个稳定状态,一个是现态,一个是次态。　　　　　　　　(　　)

3.时钟脉冲的主要作用是使触发器的输出状态稳定。　　　　　　　　　(　　)

4.基本 RS 触发器和同步 RS 触发器的特性是完全相同的。　　　　　　(　　)

5.仅具有翻转功能的触发器是 T′ 触发器。　　　　　　　　　　　　　(　　)

6.RS 触发器、JK 触发器、D 触发器和 T 触发器,只有 RS 触发器存在输入信号的约束条件。　　　　　　　　　　　　　　　　　　　　　　　　　　　　　　(　　)

7.所谓下降沿触发,是指触发器的输出状态变化是发生在 CP＝1 期间。　(　　)

8.同步时序逻辑电路和异步时序逻辑电路的区别在于异步时序逻辑电路没有稳定的状态。　　　　　　　　　　　　　　　　　　　　　　　　　　　　　　(　　)

四、分析计算题

电路如图 7.20(a)所示,输入 CP、A、B 的波形如图 7.29(b)所示,试画出 Q 端的波形(设初始状态 $Q=0$)。

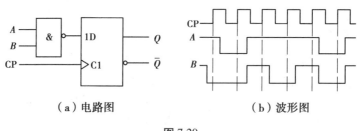

（a）电路图　　　　　　　　（b）波形图

图 7.20

7.3　逻辑电路典型应用*

7.3.1　编码器

1）编码器的基本知识

表示某一个特定信息的数字即为码,如车牌号、住宅门牌号等,每一个代码都有固定的含义。所谓编码就是把某种信息(如文字、数字、字母、符号等),按一定规律排列组合转换成若干位二进制代码的过程。在数字电路中使用 0、1 两个数字去对所有的信息量进行编码。

编码过程如图 7.21 所示,而能够实现编码功能的组合逻辑电路则称为编码器。

图 7.21　编码过程

【阅读窗】

编码器

编码器是输入多、输出少的电路。在某一时刻编码器的输入端有一个信号被转换为二进制码,那么就把这个输入端信号称为有效信号,若有效信号是"0",则称输入低电平有效,用反变量表示,如 $\overline{I}$;若有效信号是"1",则称输入高电平有效,用原变量表示,如 I。

常见的编码器可以分为二进制编码器、二—十进制编码器和优先编码器等。

2) 二进制编码器

1 位二进制代码可以表示 0、1 两种输入信号，2 位二进制代码可以表示 00、01、10、11 4 种输入信号，依次类推，可得 n 位二进制代码需要 2^n 个输入信号，那么 n 位二进制代码对 2^n 个输入信号进行编码的电路称为二进制编码器。8 线—3 线编码器就是用 3 位二进制代码对 8 个输入信号进行编码的电路，在该编码器中，任意一时刻只能对 8 个输入信号中一个进行编码，$I_0 \sim I_7$ 为输入信号，$Y_0 \sim Y_2$ 为输出信号，其真值表如 7.9 所示。

表 7.9　8 线—3 线编码器真值表

输入								输出		
I_7	I_6	I_5	I_4	I_3	I_2	I_1	I_0	Y_2	Y_1	Y_0
0	0	0	0	0	0	0	1	0	0	0
0	0	0	0	0	0	1	0	0	0	1
0	0	0	0	0	1	0	0	0	1	0
0	0	0	0	1	0	0	0	0	1	1
0	0	0	1	0	0	0	0	1	0	0
0	0	1	0	0	0	0	0	1	0	1
0	1	0	0	0	0	0	0	1	1	0
1	0	0	0	0	0	0	0	1	1	1

由表 7.9 可得，各输出的逻辑函数表达式为

$$Y_2 = I_4 + I_5 + I_6 + I_7$$

$$Y_1 = I_2 + I_3 + I_6 + I_7$$

$$Y_0 = I_1 + I_3 + I_5 + I_7$$

根据逻辑函数表达式画出由 3 个或门组成的 8 线—3 线编码器的逻辑图，如图 7.22 所示。

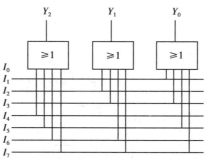

图 7.22　8 线—3 线编码器逻辑图

3) 二—十进制编码器

二—十进制编码器是指用二进制代码表示 0—9 10 个十进制数的逻辑电路。最常见的二—十进制编码器是 8421BCD 码编码器。其真值表如表 7.10 所示。

表 7.10 8421BCD 码编码器

输　入										输　出			
I_9	I_8	I_7	I_6	I_5	I_4	I_3	I_2	I_1	I_0	Y_3	Y_2	Y_1	Y_0
0	0	0	0	0	0	0	0	0	1	0	0	0	0
0	0	0	0	0	0	0	0	1	0	0	0	0	1
0	0	0	0	0	0	0	1	0	0	0	0	1	0
0	0	0	0	0	0	1	0	0	0	0	0	1	1
0	0	0	0	0	1	0	0	0	0	0	1	0	0
0	0	0	0	1	0	0	0	0	0	0	1	0	1
0	0	0	1	0	0	0	0	0	0	0	1	1	0
0	0	1	0	0	0	0	0	0	0	0	1	1	1
0	1	0	0	0	0	0	0	0	0	1	0	0	0
1	0	0	0	0	0	0	0	0	0	1	0	0	1

根据真值表可得,各输出的逻辑函数表达式为

$$Y_3 = I_8 + I_9$$

$$Y_2 = I_4 + I_5 + I_6 + I_7$$

$$Y_1 = I_2 + I_3 + I_6 + I_7$$

$$Y_0 = I_1 + I_3 + I_5 + I_7 + I_9$$

根据逻辑函数表达式画出由 4 个或门组成的 8421BCD 码编码器的逻辑图,如图 7.23 所示。

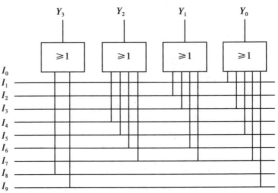

图 7.23 8421BCD 码编码器逻辑图

4)优先编码器

前面介绍的编码器是只允许输入端有一个有效信号进行编码的电路,如果在输入端出现多个有效信号则会出现编码出错。而优先编码器却可以对多个输入端有效信号进行设定优先级进行编码,它的输出总是与优先级别高的那个输入端相对应,优先级别低的输入信号则不起作用。

8线—3线优先编码器就是对8个输入信号进行优先级别的设定,设I_7的优先级别最高,I_6次之,以此类推,I_0级别最低,并分别用111、110、101、100、011、010、001、000表示I_7、I_6、I_5、I_4、I_3、I_2、I_1、I_0,可列出优先编码器的简化真值表,见表7.11。

表 7.11　优先编码器真值表

输 入								输 出		
I_7	I_6	I_5	I_4	I_3	I_2	I_1	I_0	Y_2	Y_1	Y_0
1	×	×	×	×	×	×	×	1	1	1
0	1	×	×	×	×	×	×	1	1	0
0	0	1	×	×	×	×	×	1	0	1
0	0	0	1	×	×	×	×	1	0	0
0	0	0	0	1	×	×	×	0	1	1
0	0	0	0	0	1	×	×	0	1	0
0	0	0	0	0	0	1	×	0	0	1
0	0	0	0	0	0	0	1	0	0	0

注:表中"×"表示既可为0也可为1。

【阅读窗】

集成编码器

常用的集成编码器有8线—3线优先编码器74LS148和8421BCD码优先编码器74LS147。

(1)集成优先编码器74LS148

集成优先编码器74LS148的引脚如图7.24所示,其功能如下:

①$\overline{ST}$为输入控制端,低电平有效,即当$\overline{ST}=1$时禁止编码,而当$\overline{ST}=0$时允许编码。

②$\overline{I_0} \sim \overline{I_7}$是输入端,低电平有效;$\overline{Y_0} \sim \overline{Y_3}$是输出端,低电平有效。

③优先顺序为$\overline{I_7} \rightarrow \overline{I_0}$,即$\overline{I_7}$的优先级别最高,然后依次类推。

④$\overline{Y_S}$为选通输出端,$\overline{Y_{EX}}$为扩展端。

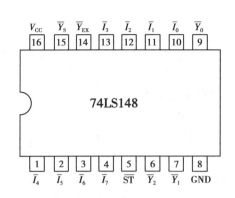

图 7.24 74LS148 的引脚图

（2）集成优先编码器 74LS147

集成优先编码器 74LS147 的引脚如图 7.25 所示,其功能如下:

①$\bar{I}_1 \sim \bar{I}_9$ 是输入端,低电平有效;$\bar{Y}_0 \sim \bar{Y}_3$ 是输出端,低电平有效。

②第 15 脚 NC 是空脚。

③输入信号 $\bar{I}_9$ 优先级最高,依次类推,$\bar{I}_1$ 最低。

④某个输入端为 0,其余为 1,代表某个十进制数,若 9 个输入端都为 1,代表十进制数 0。

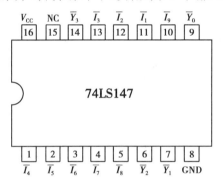

图 7.25 74LS147 的引脚图

7.3.2 译码器

译码是编码的逆过程,它是将输入的二进制代码译成相应的输出信号,以表示二进制代码的原意,译码过程如图 7.26 所示,而能够实现译码功能的组合逻辑电路称为译码器。译码器是一个输入少、输出多的电路。按照功能可将译码器分为二进制译码器、二—十进制译码器和显示译码器。

图 7.26 译码过程

1）二进制译码器

二进制译码器是将 n 位输入二进制代码翻译成 2^n 个输出的电路,因此它有 n 个输入端,2^n 个输出,即当输入一个二进制数时,输出将有一个有效电平与之对应。

3 线—8 线译码器就是一个二进制译码器,它有 3 个输入端 I_0、I_1、I_2 和 8 个输入端 Y_0、Y_1、Y_2、Y_3、Y_4、Y_5、Y_6、Y_7,其真值表如表 7.12 所示。

表 7.12   3 线—8 线译码器真值表

输 入			输 出							
I_2	I_1	I_0	Y_7	Y_6	Y_5	Y_4	Y_3	Y_2	Y_1	Y_0
0	0	0	0	0	0	0	0	0	0	1
0	0	1	0	0	0	0	0	0	1	0
0	1	0	0	0	0	0	0	1	0	0
0	1	1	0	0	0	0	1	0	0	0
1	0	0	0	0	0	1	0	0	0	0
1	0	1	0	0	1	0	0	0	0	0
1	1	0	0	1	0	0	0	0	0	0
1	1	1	1	0	0	0	0	0	0	0

由表 7.12 可得,各输出的逻辑函数表达式为

$$Y_0 = \bar{I}_2\bar{I}_1\bar{I}_0 \qquad Y_1 = \bar{I}_2\bar{I}_1 I_0 \qquad Y_2 = \bar{I}_2 I_1 \bar{I}_0 \qquad Y_3 = \bar{I}_2 I_1 I_0$$
$$Y_4 = I_2 \bar{I}_1 \bar{I}_0 \qquad Y_5 = I_2 \bar{I}_1 I_0 \qquad Y_6 = I_2 I_1 \bar{I}_0 \qquad Y_7 = I_2 I_1 I_0$$

根据逻辑函数表达式画出由 3 个非门和 8 个与门组成的 3 线—8 线译码器的逻辑图,如图 7.27 所示。

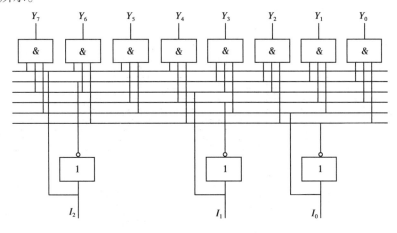

图 7.27   3 线—8 线译码器逻辑图

2)二—十进制译码器

二—十进制译码器就是将 BCD 码翻译成相应的十进制数的逻辑电路,以 8421BCD 码译码器为例,该译码器有 4 个输入端 I_0、I_1、I_2、I_3,10 个输出端 $Y_0 \sim Y_9$,其真值表如表 7.13 所示。

表 7.13　8421BCD 译码器真值表

输　　入				输　　出									
I_3	I_2	I_1	I_0	Y_9	Y_8	Y_7	Y_6	Y_5	Y_4	Y_3	Y_2	Y_1	Y_0
0	0	0	0	0	0	0	0	0	0	0	0	0	1
0	0	0	1	0	0	0	0	0	0	0	0	1	0
0	0	1	0	0	0	0	0	0	0	0	1	0	0
0	0	1	1	0	0	0	0	0	0	1	0	0	0
0	1	0	0	0	0	0	0	0	1	0	0	0	0
0	1	0	1	0	0	0	0	1	0	0	0	0	0
0	1	1	0	0	0	0	1	0	0	0	0	0	0
0	1	1	1	0	0	1	0	0	0	0	0	0	0
1	0	0	0	0	1	0	0	0	0	0	0	0	0
1	0	0	1	1	0	0	0	0	0	0	0	0	0

由表 7.13 可得,各输出的逻辑函数表达式为

$$Y_0 = \bar{I_3}\bar{I_2}\bar{I_1}\bar{I_0} \qquad Y_1 = \bar{I_3}\bar{I_2}\bar{I_1}I_0 \qquad Y_2 = \bar{I_3}\bar{I_2}I_1\bar{I_0} \qquad Y_3 = \bar{I_3}\bar{I_2}I_1I_0 \qquad Y_4 = \bar{I_3}I_2\bar{I_1}\bar{I_0}$$

$$Y_5 = \bar{I_3}I_2\bar{I_1}I_0 \qquad Y_6 = \bar{I_3}I_2I_1\bar{I_0} \qquad Y_7 = \bar{I_3}I_2I_1I_0 \qquad Y_8 = I_3\bar{I_2}\bar{I_1}\bar{I_0} \qquad Y_9 = I_3\bar{I_2}\bar{I_1}I_0$$

根据逻辑函数表达式画出由 4 个非门和 10 个与门组成的 8421BCD 译码器的逻辑图,如图 7.28 所示。

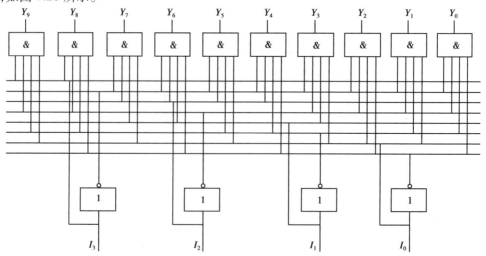

图 7.28　8421BCD 码译码器逻辑图

3)显示译码器

在实际应用中,常常需要将测量数据和运算结果用十进制数码直观地显示出来,以便查看,而能够显示数字、字母、符号的器件称为数字显示器。

数字显示器种类繁多,根据材料不同可分为荧光数字显示器、半导体数字显示器和液晶显示器等,其显示原理大致相同。

目前应用最广泛的是由发光二极管构成的七段数字显示器,它将要显示的十进制数码分成 a、b、c、d、e、f、g 7 段,这 7 段各对应一个发光二极管,不同的发光段进行组合,就能够显示出不同的十进制数字,如图 7.29 所示。

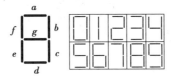

图 7.29　七段数字显示器的示意图

按照内部连接的不同,七段数字显示器分为共阴极和共阳极两种,如图 7.30 所示。

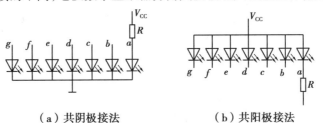

（a）共阴极接法　　　　（b）共阳极接法

图 7.30　七段数字显示器的两种连接方式

在数字系统中,数字量往往先经过译码,才能送到数字显示器中显示。显示译码器就是将输入信号经过译码来驱动不同的发光二极管,以此来显示不同的数字。若要驱动共阴极的七段数字显示器,则七段显示译码器的输出是高电平有效,其真值表如表 7.14 所示。

表 7.14　七段显示译码器的真值表

输　　入				输　　　　出							显　　示
I_3	I_2	I_1	I_0	a	b	c	d	e	f	g	
0	0	0	0	1	1	1	1	1	1	0	0
0	0	0	1	0	1	1	0	0	0	0	1
0	0	1	0	1	1	0	1	1	0	1	2
0	0	1	1	1	1	1	1	0	0	1	3
0	1	0	0	0	1	1	0	0	1	1	4
0	1	0	1	1	0	1	1	0	1	1	5
0	1	1	0	1	0	1	1	1	1	1	6
0	1	1	1	1	1	1	0	0	0	0	7
1	0	0	0	1	1	1	1	1	1	1	8
1	0	0	1	1	1	1	1	0	1	1	9

【友情提示】

七段数字显示器一般由 7 个发光二极管封装而成,其工作电压为 1.5~5 V,工作电流为几毫安至几十毫安;也有由 8 个发光二极管组成的七段半导体数字显示器,其中增加的一个二极管作显示小数点用。

【阅读窗】

集成译码器

集成译码器的种类很多,下面介绍常用的集成二进制译码器 74LS138 和集成二—十进制译码器 74LS42。

(1)集成二进制译码器 74LS138

集成二进制译码器 74LS138 的引脚如图 7.31 所示,其功能如下:

①G_1、$\overline{G}_{2A}$、$\overline{G}_{2B}$ 为选通端,当 $G_1 = 1$、$\overline{G}_{2A} + \overline{G}_{2B} = 0$($G_1 = 1$、$\overline{G}_{2A} = \overline{G}_{2B} = 0$)时,译码器处于工作状态,输出有效信号;当 $G_1 = 0$、$\overline{G}_{2A} + \overline{G}_{2B} = 1$ 时,译码器处于禁止状态。

②A_0、A_1、A_2 3 个输入端,$\overline{Y}_0 \sim \overline{Y}_7$ 是 8 个输出端,低电平有效。

③当译码器处于工作状态时,每次输入 3 位的二进制代码都使对应的一个输出端是低电平,其余输出端是高电平。

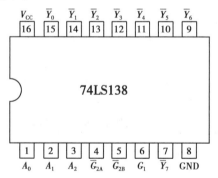

图 7.31 74LS138 的引脚图

(2)集成二—十进制译码器 74LS42

集成二进制译码器 74LS42 的引脚如图 7.32 所示,其功能如下:

①A_0、A_1、A_2、A_3 是 4 个输入端,$\overline{Y}_0 \sim \overline{Y}_9$ 是 10 个输出端,低电平有效。

②当输入无效码 1010、1011、1100、1101、1110、1111 时,译码器输出均无效。

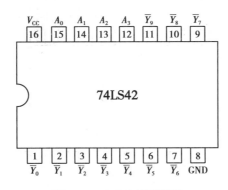

图 7.32 74LS42 的引脚图

7.3.3 计数器

1) 计数器的功能和常见类型

计数器是数字电路中较为常用的基本逻辑器件,它不仅可用来记录脉冲数,还可以实现数字系统的定时、分频和执行数字运算等逻辑功能。计数器的长度是指计数器能够统计输入脉冲信号的最大数目,也称为计数器的模,用 M 表示。计数器的模就是电路的有效状态。计数器的种类很多,见表 7.15。

表 7.15 计数器的种类

序 号	分类方法	种 类	说 明
1	按照触发器的翻转是否同步分	异步计数器、同步计数器	—
2	按照计数的增减分	加法计数器、减法计数器、可逆计数器	—
3	按照进制分	二进制计数器、十进制计数器、N 进制计数器	二进制计数器是各种计数器的基础

2) 典型集成计数器

实际使用的计数器一般不需自己用单个触发器来构成,因为有许多 TTL 和 CMOS 专用集成计数器芯片可供选用。常用集成计数器型号有 74LS161、74LS192、74LS290 以及 CD4040 等。

【阅读窗】

集成计数器 74LS163

74LS163 是集成 4 位二进制同步加法计数器,其引脚如图 7.33 所示,图中 $\overline{CR}$ 是同步清零端,$\overline{LD}$ 是置数端,都是低电平有效;CT_P 和 CT_T 是计数器工作状态控制端,CP 是时钟脉冲端,$D_0 \sim D_3$ 是输入端,C_0 是进位信号端,$Q_0 \sim Q_3$ 是计数器输出端。

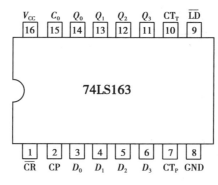

图 7.33 74LS163 的引脚图

其逻辑功能如下:

①同步清零:当 $\overline{CR}=0$ 时,在 CP 脉冲上升沿的作用下,计数器清零,即 $Q_3Q_2Q_1Q_0=0000$。

②同步置数:当 $\overline{CR}=1$、$\overline{LD}=0$ 时,在 CP 脉冲上升沿的作用下,计数器置数,即 $Q_3Q_2Q_1Q_0=D_3D_2D_1D_0$。

③计数功能:当 $\overline{CR}=\overline{LD}=CT_T=CT_P=1$ 时,在时钟脉冲的作用下,计数器进行二进制加法计数。

④保持功能:当 $\overline{CR}=\overline{LD}=1$,且 CT_T 和 CT_P 任何一个为 0,计数器均保持原来的状态。

【思考与练习】

一、填空题

1.实现_____的电路,称为编码器。

2.用_____位二进制代码对_____个信号进行编码的电路,称为二进制编码器。

3.将_____转换为_____的电路,称为二—十进制编码器。

4._____是编码的逆过程。

5.实现_____的电路称为译码器。

6.将_____译成_____输出的电路称为二进制译码器。

7.对于共阴极接法的发光二极管数字显示器,应采用_____电平驱动七段显示译码器。

8.用来统计输入脉冲个数的电路称为_____。

9.计数器的_____是指计数器能够统计输入脉冲信号的最大数目,也称为计数器的_____。

10.按照计数的增减可将计数器分为_____、_____和_____。

二、选择题

1.对于 8421BCD 码编码器,下列说法正确的是(　　)。

　A.有 16 根输入线,4 根输出线

　B.有 10 根输入线,4 根输出线

　C.有 4 根输入线,16 根输出线

　D.有 4 根输入线,10 根输出线

2.对于 8 线—3 线优先编码器,下列说法正确的是(　　)。

　A.有 8 根输入线,3 根输出线

　B.有 3 根输入线,8 根输出线

　C.有 8 根输入线,8 根输出线

　D.有 3 根输入线,3 根输出线

3.编码电路和译码电路中,(　　)电路的输出是二进制代码。

　A.编码　　　　　　　B.译码　　　　　　　C.编码和译码　　　　　　　D.以上都不对

4.3 线—8 线译码电路是(　　)译码器。

　A.二进制　　　　　　B.三进制　　　　　　C.三—八进制　　　　　　D.八进制

5.用 n 个触发器构成计数器,可得到的最大计数长度为(　　)。

　A.n　　　　　　　　B.$2n$　　　　　　　C.2^n　　　　　　　D.n^2

6.一个 4 位二进制减法计数器的起始值为 1001,经过 100 个时钟脉冲作用之后的值为(　　)。

　A.1100　　　　　　　B.0100　　　　　　　C.0101　　　　　　　D.1101

7.N 进制计数器状态转换的特点是:设置初态后,每来(　　)个 CP 时,计数器又重回初态。

　A.$N-1$　　　　　　B.$N+1$　　　　　　C.N^2　　　　　　D.N

8.计数器按照进制可分为(　　)。

　A.加法、减法及加减可逆　　　　　　　　B.同步和异步

　C.N 进制　　　　　　　　　　　　　　D.二进制、十进制和 N 进制

【本章小结】

1.根据电路结构和工作原理的不同,数字电路可分为组合逻辑电路和时序逻辑电路两大类。

2.组合逻辑电路在任何时刻的输出都只取决于该时刻的输入,与之前的状态无关,具有即时性,因此它主要由基本门电路构成;而时序逻辑电路在任何时刻的输出不仅和该时刻的输入有关,而且还取决于电路原来的状态,因此时序逻辑电路须包含存储电路,存储电路又是由触发器构成的。

3.触发器有两个稳定状态,在输入信号的作用下,可以从一个稳定状态转变为另一个

稳定状态。它常用特性表、特性方程、状态图和波形图来表示逻辑功能。

4.触发器按照逻辑功能可分为 RS 触发器、JK 触发器、D 触发器等;按照电路结构可分为基本触发器、主从触发器、边沿触发器等;按照触发方式又可分为电平触发和边沿触发。

5.组合逻辑电路的分析步骤:写出逻辑函数表达式→化简→列真值表→判断逻辑功能。组合逻辑电路的设计正好与其分析是相反的,其步骤为:列真值表→写出逻辑函数表达式→化简→画出逻辑图。

6.编码器和译码器是组合逻辑电路的典型应用,计数器是时序逻辑电路的典型应用。这些电路都已制作成相应的集成电路,须熟悉它们的逻辑功能才能灵活应用。

参考文献

[1] 茆有柏.电子技术基础与技能[M].北京:机械工业出版社,2010.

[2] 胡峥. 电子技术基础与技能(电类专业通用)[M].北京:机械工业出版社,2010.

[3] 舒伟红.电子技术基础与实训[M].北京:科学出版社,2009.

[4] 严仲兴.数字电路基础[M].北京:中国铁道出版社,2008.

[5] 肖明耀.数字逻辑电路[M].3 版.北京:中国劳动社会保障出版社,2003.